彩图 1　长白大葱

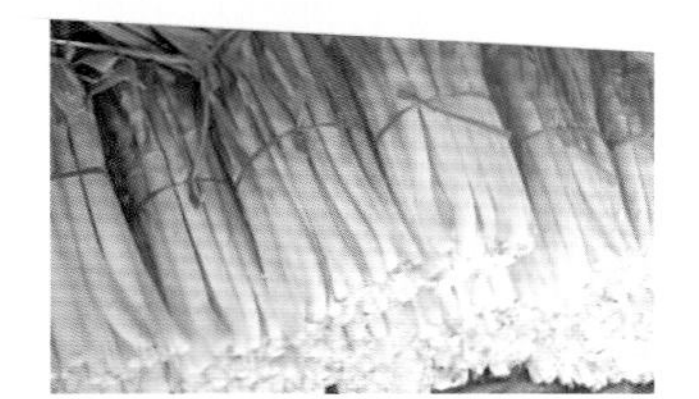

彩图 2　短白大葱

彩图 3　鸡腿葱

彩图 4　北方型分葱

彩图 5　南方型分葱

彩图 6　胡葱

彩图 7　红葱

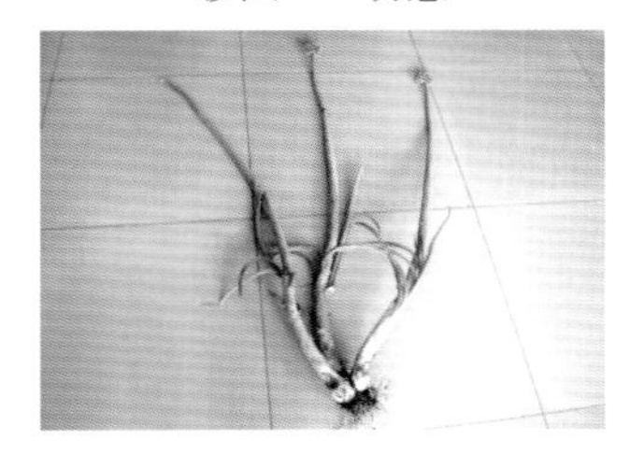

彩图 8　分蘖洋葱

彩图 9　大葱套作小麦

彩图 10　苗床铺设（左）和不铺设远红外电热膜（右）播后 7 天出苗情况

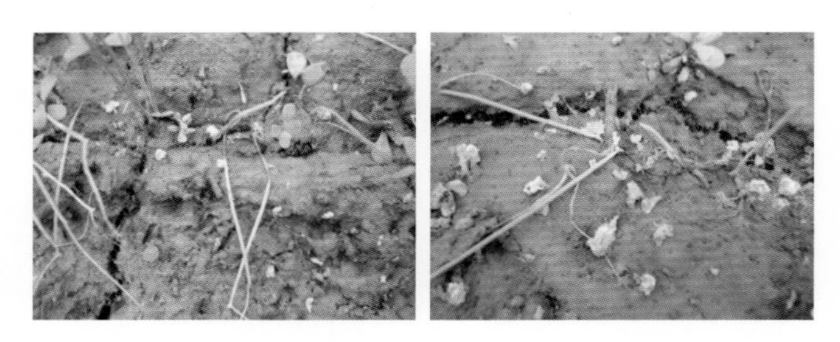

彩图 11　葱立枯病初期（左图）及后期症状（右图）

彩图 12　葱立枯病后期出现蛛网状菌丝

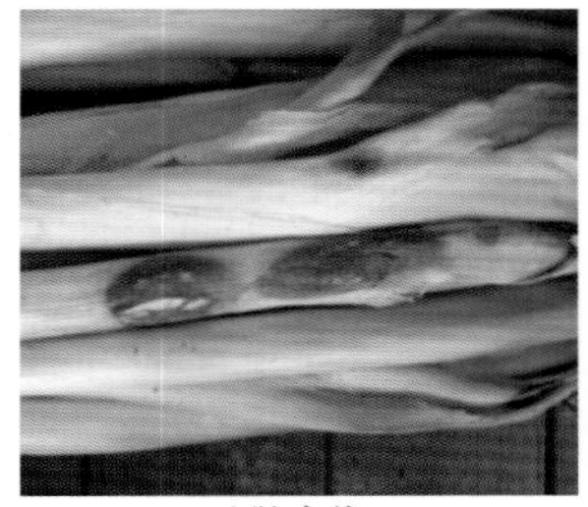

叶鞘症状

叶片症状

花薹发病

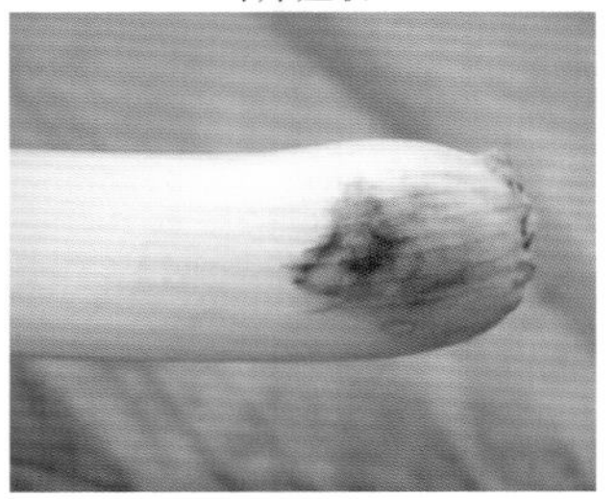

葱白发病

彩图 13　葱紫斑病叶鞘、叶片、花茎和假茎紫斑病发病症状

病叶现黄色条斑

病叶现黄色条纹

病叶现黄色花叶斑驳，叶片皱缩扭曲

彩图 14　葱病毒病叶片和整株发病症状

发病叶片出现黄斑

叶尖枯死

彩图 15　葱霜霉病叶片（左图）和整株发病（右图）症状

彩图 16　霜霉病导致叶片尖端下垂枯死

彩图 17　葱疫病叶片和整株发病症状

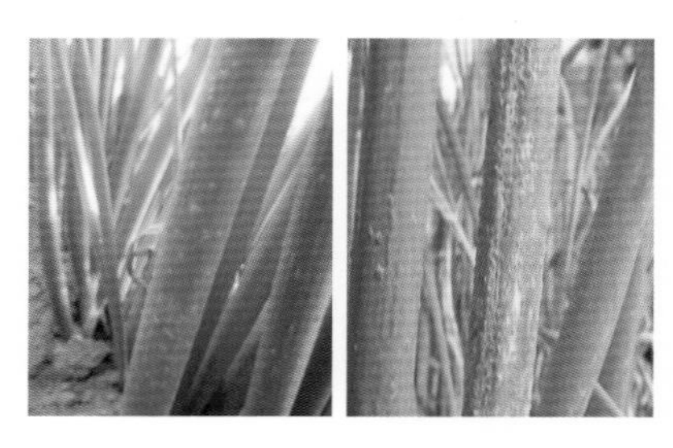

彩图 18　葱锈病叶片发病初期（左图）和后期（右图）症状

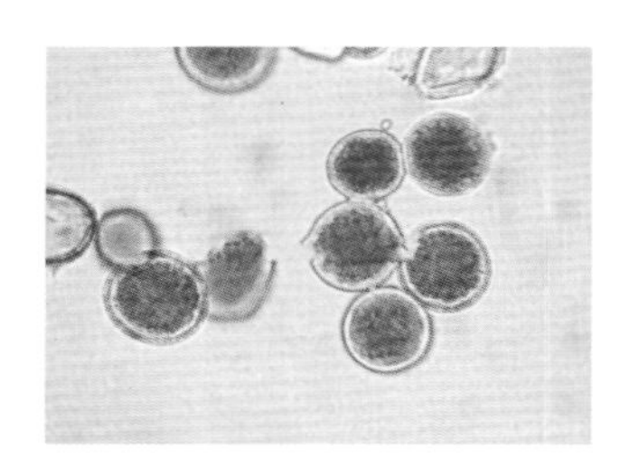

彩图 19　夏孢子显微照片

彩图 20　葱软腐病假茎发病症状

彩图 21　葱软腐病地上部发病倒伏

彩图 22　灰霉病白点型

彩图 23　灰霉病干尖型

彩图 24　灰霉病湿腐型

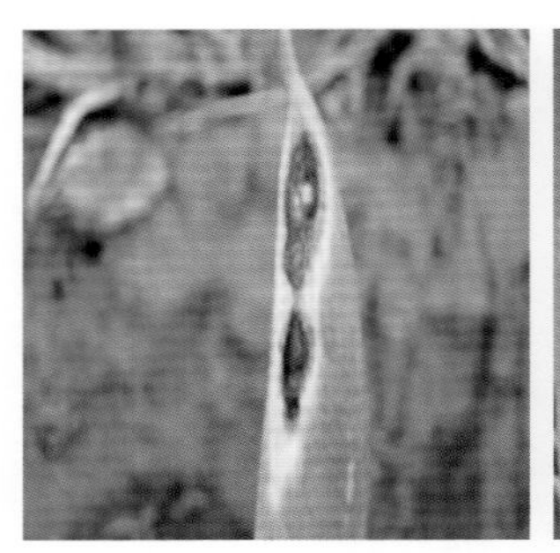
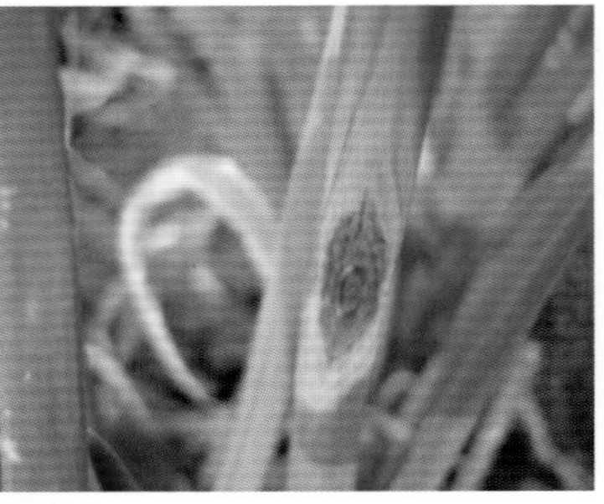

彩图 25　葱黑斑病叶片发病症状

彩图 26　葱菌核病发病症状

彩图 27　葱白腐病叶片症状

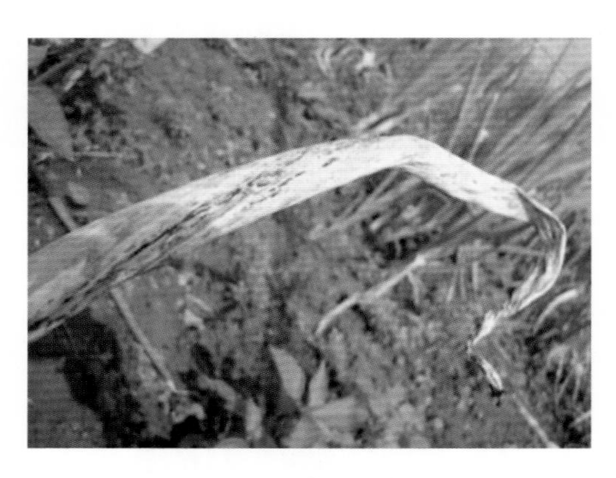

彩图 28　葱球腔菌叶斑病叶片症状

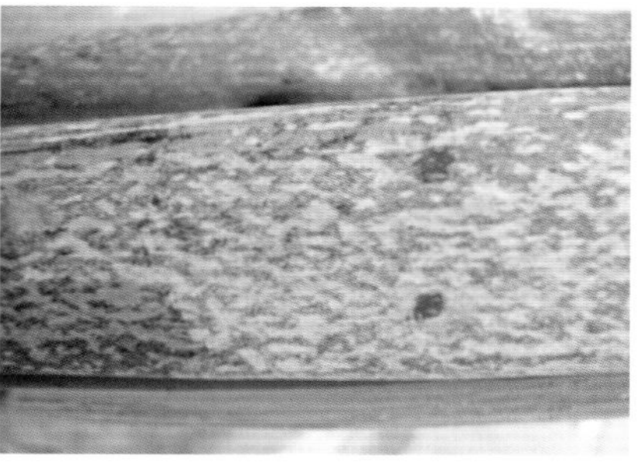

彩图 29　葱蓟马为害叶片前期（左图）和后期（右图）症状

彩图 30　斑潜叶蝇的潜食斑

彩图 31　斑潜叶蝇幼虫在叶组织中蛀食形成潜道

彩图 32　甜菜夜蛾为害大葱叶片

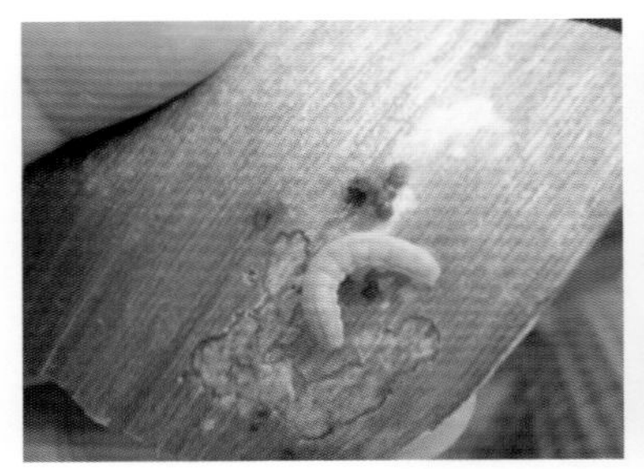

彩图 33　甜菜夜蛾幼虫和成虫

彩图 34　华北蝼蛄成虫

彩图 35　蛴螬幼虫

彩图 36　葱蝇为害大葱假茎症状

葱高效栽培

苗锦山　沈火林　编著

本书共分十二章，针对葱的生产实际需求详细介绍了其生物学特性、优良品种介绍、大葱露地栽培技术、无公害出口大葱栽培技术、有机大葱高效栽培技术、大葱的保护地栽培技术、分葱高效栽培技术、大葱的制种技术、大葱的储藏保鲜和加工技术，以及病虫害诊断与防治技术。另外，书中设有“提示”“注意”等小栏目，并附有葱高效栽培实例，可以帮助种植户更好地掌握葱栽培的技术要点，内容全面翔实，图文并茂，通俗易懂，实用性强。

本书适合大葱种植者、农技推广人员使用，也可作为农业院校相关专业师生的参考用书。

图书在版编目（CIP）数据

葱高效栽培/苗锦山，沈火林编著．—北京：机械工业出版社，2014.10（2024.9 重印）

（高效种植致富直通车）

ISBN 978-7-111-47926-0

Ⅰ.①葱…　Ⅱ.①苗…②沈…　Ⅲ.①葱-蔬菜园艺　Ⅳ.①S633.1

中国版本图书馆 CIP 数据核字（2014）第 209160 号

机械工业出版社（北京市百万庄大街 22 号　邮政编码 100037）

总 策 划：李俊玲　张敬柱　　策划编辑：高　伟　郎　峰

责任编辑：高　伟　郎　峰　李俊慧　　版式设计：赵颖喆

责任校对：王　欣　　责任印制：单爱军

保定市中画美凯印刷有限公司印刷

2024 年 9 月第 1 版第 7 次印刷

140mm×203mm · 5.875 印张 · 4 插页 · 150 千字

标准书号：ISBN 978-7-111-47926-0

定价：25.00 元

序

园艺产业包括蔬菜、果树、花卉和茶等，经多年发展，园艺产业已经成为我国很多地区的农业支柱产业，形成了具有地方特色的果蔬优势产区，园艺种植的发展为农民增收致富和“三农”问题的解决做出了重要贡献。园艺产业基本属于高投入、高产出、技术含量相对较高的产业，农民在实际生产中经常在新品种引进和选择、设施建设、栽培和管理、病虫害防治及产品市场发展趋势预测等诸多方面存在困惑。要实现园艺生产的高产高效，并尽可能地减少农药、化肥施用量以保障产品食用安全和生产环境的健康离不开科技的支撑。

根据目前农村果蔬产业的生产现状和实际需求，机械工业出版社坚持高起点、高质量、高标准的原则，组织全国20多家农业科研院所中理论和实践经验丰富的教师、科研人员及一线技术人员编写了“高效种植致富直通车”丛书。该丛书以蔬菜、果树的高效种植为基本点，全面介绍了主要果蔬的高效栽培技术、棚室果蔬高效栽培技术和病虫害诊断与防治技术、果树整形修剪技术、农村经济作物栽培技术等，基本涵盖了主要的果蔬作物类型，内容全面，突出实用性，可操作性、指导性强。

整套图书力避大段晦涩文字的说教，编写形式新颖，采取图、表、文结合的方式，穿插重点、难点、窍门或提示等小栏目。此外，为提高技术的可借鉴性，书中配有果蔬优势产区种植能手的实例介绍，以便于种植者之间的交流和学习。

丛书针对性强，适合农村种植业者、农业技术人员和院校相关专业师生阅读参考。希望本套丛书能为农村果蔬产业科技进步和产业发展做出贡献，同时也恳请读者对书中的不当和错误之处提出宝贵意见，以便补正。

中国农业大学农学与生物技术学院

2014年5月

前言

大葱是一种重要的香辛、保健蔬菜，因其具有较好的食用和药用价值而在中国、日本、韩国和朝鲜等国普遍栽培。多年来，我国大葱的年出口量占世界大葱出口贸易总量的90%左右，其收获面积和产量均居世界首位，经济效益显著。随着我国优势大葱主产区和产业链条的逐渐形成，大葱产业进入了健康发展的轨道。如何总结归纳各地生产经验，并形成技术规范，对于指导大葱的高效生产具有重要的意义。

本书从高产高效的角度，对大葱种植的良种选择、茬口优化安排、规范化露地高效栽培技术、制种技术和储藏加工技术，结合图片、提示、高效栽培实例等进行了详细介绍。并根据大葱高效栽培的发展方向突出了无公害出口大葱、有机大葱、保护地大葱和分葱的栽培管理技术，以及大葱病虫害诊断与防治技术，以期为我国大葱产业的规范、高效、健康发展提供参考。

需要特别说明的是，本书所用药物及其使用剂量仅供读者参考，不可完全照搬。在生产实际中，所用药物学名、通用名和实际商品名称有差异，药物浓度也有所不同，建议读者在使用每一种药物之前，参阅厂家提供的产品说明以确认药物用量、用药方法、用药时间及禁忌等。

本书在编写过程中得到了国内相关专家的大力支持和帮助，并参引了许多专家、学者和同行们的成果和经验，在此一并谨致谢忱。

由于编者水平有限，书中难免有错误和不当之处，恳请广大读者批评指正。

编　者

目录

第五章　无公害出口大葱栽培技术

第六章　有机大葱高效栽培技术

第七章　大葱保护地栽培技术

第十二章　葱高效栽培实例

附录

参考文献

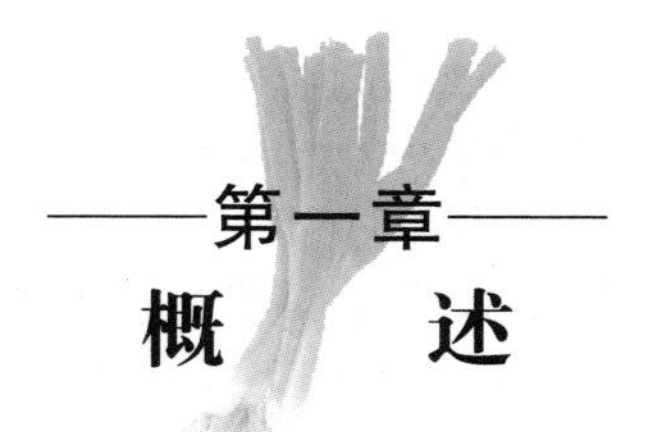

第一章 概述

大葱，百合科葱属，2～3年生草本植物，以其叶鞘组成的肥大假茎和嫩叶为产品收获器官，是一种重要的香辛料、保健蔬菜和调味佳品。

大葱是类型丰富、品种多样的园艺作物，也是中国北方人民所喜食的“四辣”蔬菜之一。因其具有较好的食用和药用价值，而在中国、日本、韩国和朝鲜等诸多国家普遍栽培。

第一节 大葱的起源、分类和分布

1. 大葱的起源和进化

大葱起源于中国西部、中亚和前苏联的西伯利亚，由野生葱在中国经驯化和选择而来。中国西北、北部乃至蒙古，西伯利亚为葱的初生起源中心。在不同生态环境和选择压力下，形成了3个栽培葱的次生起源中心：华北为普通大葱和北方型分葱的起源中心，西北黄土高原为楼葱的起源中心，华中、华南为南方型分葱的起源中心。

2. 我国栽培葱种的3个变种

（1）大葱变种 按其假茎形态不同可分为3个类型。

1）长假茎类型：相邻叶片出叶孔间距为2～3cm，夹角一般小于90°。假茎高大，长与粗的比值大于12。产量高，需要良好的栽培条件。假茎含水量高，粗纤维少，香辛油与糖的比值低，味甜，宜鲜食（彩图1）。

2）短假茎类型：相邻叶片出叶孔间距较短，夹角一般大于90°。叶片排列紧凑，叶和假茎均较粗短，假茎指数为10左右。假茎含水量低，香辛油与糖的比值介于长假茎类型和鸡腿型之间，生、熟食兼用，较易栽培（彩图2）。

3）鸡腿型：相邻叶片出叶孔间距和叶夹角与短假茎型类似。假茎短，基部膨大呈鸡腿状或蒜头状。不分蘖或分蘖很少。香辛油与糖的比值高，香味浓而辣，宜熟食（彩图3）。

（2）分葱变种 植株矮小，假茎较短，分蘖性强，分蘖数因品种而异。按分蘖数多少、开花与否以及地理分布可分为北方型分葱和南方型分葱两种（彩图4、彩图5）。其中，北方型分葱的植株较高，单株分蘖3～8个，用种子繁殖。南方型分葱的植株较矮小，单株分蘖数在10个以上，开花结籽的品种以种子繁殖，不结籽的品种采用分株繁殖。

（3）楼葱变种 植株较矮，分蘖性强，春季抽生花薹，顶端不开花而萌生不休眠的株芽，株芽萌生幼叶，当营养条件好，气候适宜时可形成小苗抽生二次花薹（图1-1）。

图1-1 楼葱

（4）大葱的其他栽培学分类方法

1）按照播种时间可划分为白露葱、二秋子葱、伏葱、倒茬葱和春葱等。

2）按照食用产品形态和时间可划分为羊角葱、青葱和干葱。

3）按照收获上市季节可划分为冬葱、春葱、夏葱和秋葱。

3. 大葱的近缘栽培作物

大葱的近缘栽培作物主要有细香葱（图 1-2）、洋葱、胡葱（彩图 6）、红葱（彩图 7）、分蘖洋葱（彩图 8）等。

4. 我国栽培大葱的分布

我国大葱栽培类型的分布以秦岭、淮河一线为葱的南北栽培区的分界线。秦岭、淮河以北的黄河中下游地区及东北平原是我国大葱的主要产区，其中以山东、河北、河南的栽培面积最大。秦岭、淮河以南地区是我国南方型分葱的主栽区，以种子繁殖的北方型分葱在此也有少量栽培，但面积不大。

图 1-2　细香葱

第二节　大葱的营养成分和保健作用

大葱的营养丰富，除含有碳水化合物和丰富的氨基酸、维生素和微量元素外，还含有挥发性香辛物质，其主要成分是丙基硫化物和烷酮类物质。中国医学科学院营养卫生研究所分析了大葱和分葱的主要营养成分，见表 1-1、表 1-2（每 100g 鲜重含量）。

从表 1-1 和表 1-2 中看出，与同属的主要蔬菜作物洋葱比较，大葱的蛋白质、脂肪、膳食纤维、维生素 A、胡萝卜素、核黄素、烟酸、维生素 C、叶酸和维生素 E 等主要营养成分含量均明显高于“蔬菜皇后”——洋葱。根据已测数据，分葱的蛋白质、脂肪、烟酸和维生素 C 含量明显高于洋葱。在 10 种微量元素中大葱有 7 种的含量超过洋葱；分葱的钙、钾、钠、镁、铁含量也明显高于洋葱。

表 1-1　大葱、分葱和洋葱的主要营养成分

种类	食部(%)	水分(%)	能量/kJ	蛋白质/g	脂肪/g	碳水化合物/g	膳食纤维/g	灰分/g	维生素A/μg	胡萝卜素/μg	硫胺素/mg	核黄素/mg	烟酸/mg	维生素C/mg	叶酸/μg	维生素E/mg
大葱	82	91.0	126	1.7	0.3	6.5	1.3	0.5	10	60	0.03	0.05	0.5	17	35.0	0.30
分葱	—	91.7	138	2.2	0.7	5.1	0.7	—	—	—	—	—	0.6	24	—	—
洋葱	90	89.2	163	1.1	0.2	9.0	0.9	0.5	3	20	0.03	0.03	0.3	8	15.6	0.14

表 1-2　大葱、分葱和洋葱的微量元素含量

种类	钙/mg	磷/mg	钾/mg	钠/mg	镁/mg	铁/mg	锌/mg	硒/μg	铜/mg	锰/mg
大葱	29	38	144	4.8	19	0.7	0.40	0.67	0.08	0.28
分葱	85	32	226	7.7	21	0.9	—	—	—	—
洋葱	24	39	147	4.4	15	0.6	0.23	0.92	0.05	0.14

大葱的蛋白质和氨基酸含量丰富。与我国露地栽培大宗蔬菜洋葱、大白菜和白萝卜比较，大葱除精氨酸含量低于洋葱及谷氨酸含量低于洋葱和大白菜外，其蛋白质和异亮氨酸等 16 种氨基酸含量均高于上述 3 种蔬菜（表 1-3）。

大葱所含有的挥发性香辛油除具有调味刺激食欲的作用外，还具有抑菌作用。其主要化学成分见表 1-4（以莱芜鸡腿葱为例）。

表 1-3　大葱和洋葱、大白菜、白萝卜的蛋白质、氨基酸含量比较　（单位：mg/100g 鲜重）

种类	大葱	洋葱	大白菜	白萝卜	种类	大葱	洋葱	大白菜	白萝卜
蛋白质	1.7	1.1	1.4	0.9	缬氨酸	77	44	53	31
异亮氨酸	67	32	34	21	精氨酸	69	159	50	35
亮氨酸	111	49	55	27	组氨酸	30	16	18	13
赖氨酸	100	45	46	31	丙氨酸	68	33	52	26
蛋氨酸	31	29	10	11	天冬氨酸	115	86	98	49
胱氨酸	—	—	18	12	谷氨酸	245	281	284	106
苯丙氨酸	73	46	39	18	甘氨酸	61	33	40	17
酪氨酸	65	18	—	14	脯氨酸	96	—	44	14
苏氨酸	58	28	41	23	丝氨酸	74	32	44	18
色氨酸	19	15	10	7					

表 1-4　莱芜鸡腿葱香辛油化学成分表

序号	化合物名称	分子式	相对含量（%）
1	二氧化硫	SO_2	0.853
2	甲硫醇	CH_4S	0.443
3	丙硫醇	C_3H_8S	1.928
4	烯丙基硫醇	C_3H_6S	9.167
5	二巯基甲烷	$C_2H_4S_2$	9.483
6	2-甲基-2-庚烯	C_8H_{16}	0.316
7	甲基甲基亚硫代硫黄酸酯	$C_2H_8S_2O$	1.849
8	2，5-二甲基噻吩	C_6H_8S	1.042
9	甲丙基二硫醚	$C_4H_{10}S_2$	1.154
10	反式甲基烯丙基二硫醚	$C_4H_8S_2$	2.929
11	丙基甲基硫代硫黄酸酯	$C_4H_{10}S_2O_2$	17.53
12	甲基烯丙基硫代硫黄酸酯	$C_4H_8S_2O_2$	1.438
13	甲基丙烯基硫代硫黄酸酯	$C_4H_8S_2O_2$	1.764
14	二甲基四硫醚	$C_2H_6S_4$	3.841
15	3，7-二甲基-2，6-二辛烯醛	$C_{10}H_{16}O$	9.009

（续）

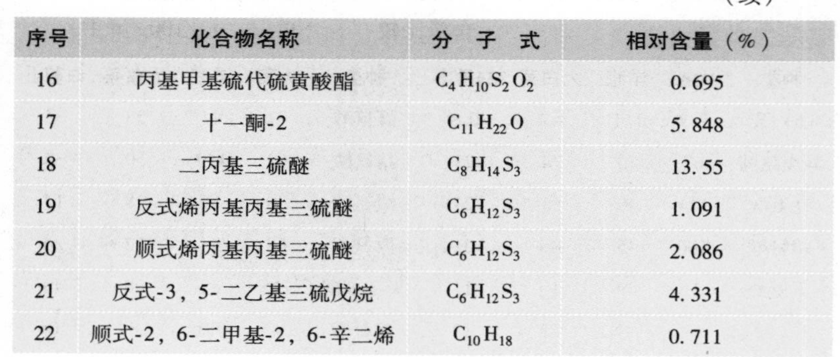

序号	化合物名称	分子式	相对含量（%）
16	丙基甲基硫代硫黄酸酯	$C_4H_{10}S_2O_2$	0.695
17	十一酮-2	$C_{11}H_{22}O$	5.848
18	二丙基三硫醚	$C_8H_{14}S_3$	13.55
19	反式烯丙基丙基三硫醚	$C_6H_{12}S_3$	1.091
20	顺式烯丙基丙基三硫醚	$C_6H_{12}S_3$	2.086
21	反式-3，5-二乙基三硫戊烷	$C_6H_{12}S_3$	4.331
22	顺式-2，6-二甲基-2，6-辛二烯	$C_{10}H_{18}$	0.711

大葱具有一定的医疗保健和药用价值，其假茎、葱叶、葱须、葱花、葱种、葱汁均可入药。葱所含的植物菌素除具有增强食欲和助消化功能外，还具有杀菌消炎作用；所含的硫化物则可减少人体胆固醇在血管中的沉积，防止发生血栓，具有降血脂、降血糖、降血压和补脑的作用。

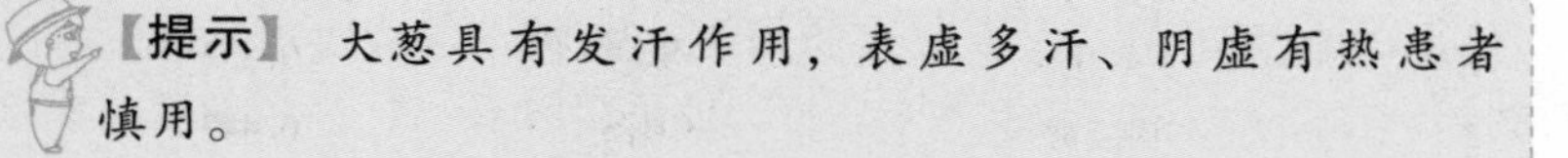

【提示】 大葱具有发汗作用，表虚多汗、阴虚有热患者慎用。

第三节　我国大葱的生产现状

大葱在世界各地广泛栽培，其中栽培面积最大的是普通大葱，其次是分葱，再次是楼葱。大葱是我国重要的大宗蔬菜作物之一，常年播种面积保持在1400万亩左右（1亩＝667m^2），其收获面积和产量均居世界第一位。葱也是我国出口创收的重要蔬菜，据商务部统计，2012年我国大葱的出口量为64517.0万吨，创收金额为7136.4万美元，其年出口量占世界葱出口贸易总量的90%左右，经济效益显著。因此，大葱的生产对于增加我国蔬菜出口和农民的增收致富均具有重要作用，其市场前景广阔。

但目前我国各地栽培大葱的品种选择多以地方品种为主，尚无杂交种大规模推广应用。出口大葱则以日本大葱品种为主（图1-3），如长宝大葱、元宝大葱等，其生产成本较高。

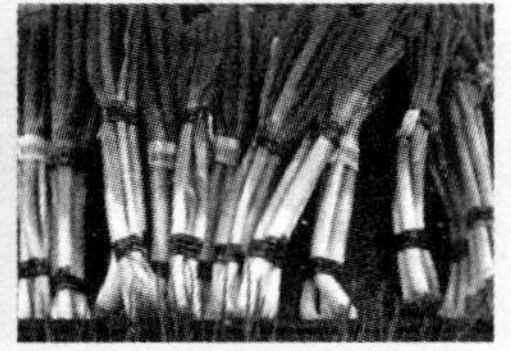

图1-3　日本大葱

我国大葱的栽培历史较为久远，近年来大葱的栽培技术也不断得到改进。如大葱生产应用了地膜覆盖结合远红外电热膜育苗技术、套作技术、保护地栽培技术及有机大葱栽培技术等。栽培技术的进步有效促进了葱的产量增加和品质改善，大葱优势产区逐步形成，如山东省安丘市、章丘市等。塑料大棚生产分葱如图1-4所示。

图1-4　塑料大棚生产分葱

我国大葱单产水平较高，种植效益好。以章丘大葱为例，平均亩产可达4000kg以上，以大葱价格2.0元/kg计算，亩收入可达8000元左右，效益高于一般的露地栽培蔬菜，如白萝卜、大白菜等。各地还开展了大葱与其他作物的轮作、套作、间作等生产实践，如春马铃薯轮作大葱、大葱套作小麦等高效栽培模式也增加了单位面积土地的产出效益，经济效益极佳。

第四节　我国大葱生产中存在的主要问题和解决途径

1. 品种配套和改良问题

我国大葱在生产品种的选择上主要有以下 3 个问题。

1）各地主栽品种多以地方提纯品种为主，品种种性退化严重，干物质含量较低，杂交种推广应用不足，现有品种紧实度、整齐度等性状问题不能满足生产需求。

2）出口大葱品种主要以日本大葱为主，其种子昂贵，生产成本增加。

3）各地所种植大葱品种的收获期多在秋季集中上市，造成年际间价格波动较大，使种植者收益不稳，葱贱伤农现象时有发生。

以上问题的解决策略是应尽快加强产量高、干物质率高、耐抽薹大葱新品种的选育和推广，以取代进口；并在收获期安排上适当增加“春葱”上市量，以缓解大葱供应淡季。

2. 栽培方式的适度搭配问题

目前我国大葱多以露地种植为主，春季鲜葱供应不足，应适当增加塑料拱棚等保护地栽培面积，以增加产出效益。

3. 栽培技术的改进问题

1）种植者多凭经验进行葱的生产，没有实现生产的标准化、规范化，导致产品缺乏市场竞争能力，生产效益下降。

2）在大葱的生产管理环节中，劳动强度较大，导致生产用工成本增加及从业人数减少。因此应加大葱生产收获机械的研发和推广应用力度，以节约劳动力，确保产品优质高效。

3）大葱重茬栽培引发严重病害，使产量和品质下降，在生产中应从葱抗病品种选择、种子处理、土壤培肥、生物技术等方面采用综合防控措施克服大葱重茬病害。

4）各地茬口安排固定或一致。应科学进行茬口安排及不同栽培模式的选择努力，实现大葱的周年平衡供应。

4. 大葱产业化发展问题

1）从全国角度看，我国生产规模较大的大葱优势产区数量较少，零星分散的种植者数量较多，大葱市场和流通体系构建和培育不足，实际生产中买难卖难、增产不增收的现象时有发生。因此，各地大葱产区应结合本地实际，积极发展大葱合作社或农协会，提升种植业者组织化程度。同时，规范土地有序流转，实行大葱规模化、标准化和工厂化生产，倡导大葱订单式生产方式。在此基础上，努力加强大葱市场体系建设，培育大葱次生产业链条，促进本地区大葱优势产区的形成。大葱交易市场如图 1-5所示。

图 1-5　大葱交易市场

2）应着力加强大葱深加工关键技术的研发和应用，提升葱产业附加值。部分大葱制品如图 1-6 所示。

速冻葱片

葱粉

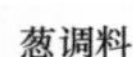

葱调料

图 1-6　部分大葱制品

第二章
大葱的生物学特性

第一节 大葱的植物学特性

大葱为百合科葱属植物，其植株由根、短缩茎、筒状叶和叶鞘等器官组成（图2-1）。

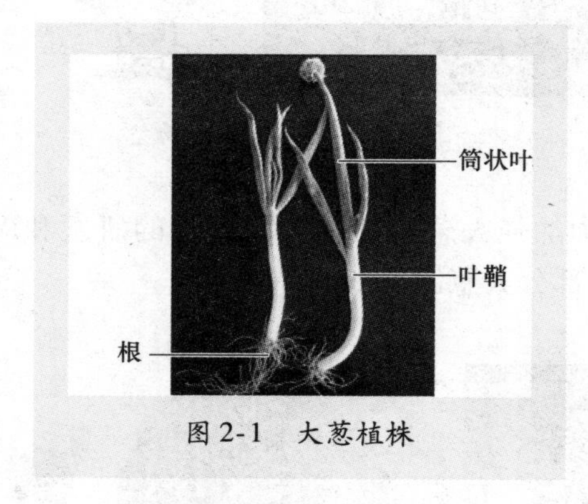

图2-1 大葱植株

1. 根

大葱的根系属浅须根系，其白色弦线状肉质须根着生在短缩茎上，并随茎的伸长陆续发出新根。须根一般粗1～2mm，长度可达50cm。发根数随植株生育进程而增加，生长盛期单株的须根可达百条。根群主要分布在表土30cm范围内（图2-2）。

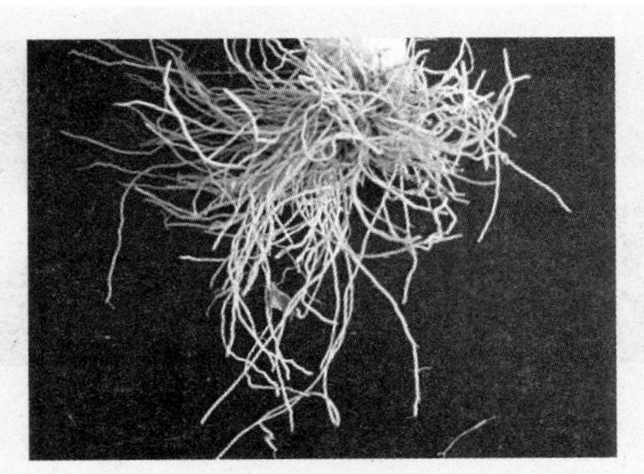

图 2-2　大葱的根系

大葱根系的再生能力较强，但是分枝性弱，侧根发生较少，根毛稀少，栽培上要求土壤疏松、肥沃。

大葱根系怕涝，若土壤湿度过大，特别是在高温高湿或水淹的土壤境下极易坏死，变褐腐烂，丧失吸收功能，因此栽培上忌田间积水。

在深培土的情况下，大葱的根系不再向下延伸，而是沿水平方向和向上发展，80%的根系量集中在假茎周围20cm的范围内，茎盘部位20cm以下根系分布较少。因此，定植后无须浇水时可结合培土进行追肥。

2. 茎

大葱营养生长期的短缩茎呈圆锥形，先端为生长点，黄白色。随株龄增加短缩茎伸长，长度可达1～2cm（图2-3）。叶片在生长锥的两侧按1/2的叶序顺序发生。花芽分化后逐步抽生花薹。大葱抽薹后或生长点受损时，在其内层叶鞘基部可萌生1～2个侧芽，并发育成新的植株（分蘖）。

大葱茎具有顶端优势，很少产生分蘖，植株完成阶段发育后，感应0～7℃环境低温约14天即可春化，生长点转为分化花芽，在长日照条件下可抽薹开花进入生殖生长阶段。

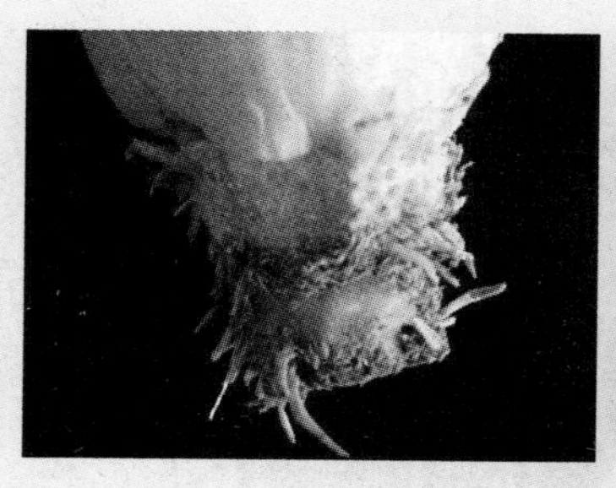

图 2-3　大葱的短缩茎（多年生）

3. 叶

大葱的叶片按1/2的叶序着生于茎盘上，包括叶鞘和叶身两部分，叶鞘和叶身连接处为出叶孔，相邻出叶孔间距大小因品种而异。

叶身管状中空，尖顶，叶色深绿或黄绿，表面附有蜡粉层，蜡粉量因品种而异。成龄叶片的中空部分是由于海绵组织的薄壁细胞崩溃所致，而幼嫩的葱叶内部充满白色的薄壁细胞，在叶身的成长过程中，内部薄壁细胞组织逐渐消失，成为中空的管状叶身。葱叶的下表皮及其绿色细胞中间充满油脂状黏液，能分泌辛辣的挥发性物质，水分充足时黏液分泌量增多。

大葱叶片的光合效率除与品种有关外，还受其叶龄影响，在不同部位的叶片中以成龄叶的光合效率最高，幼龄叶的光合效率最低。所以，延长外叶的寿命对提高大葱产量具有重要作用。大葱成株叶片数一般在19~33片之间。

叶鞘位于叶身下部，呈同心圆状着生在短缩茎上，将茎盘包被在叶鞘的基部。新发幼叶被筒状叶鞘抱合于内共同构成大葱假茎。大葱的假茎由多层叶鞘抱合而成，中间为生长锥。葱叶由生长锥的两侧互生，叶片的分化有一定的顺序性，内叶的分化和生长以外叶为基础，并从相邻外叶的出叶孔穿出叶鞘。外叶分化形成较早，因而其叶鞘长度短于幼叶。在生长期间，随着新叶的不断出现，老叶不断干枯，外层叶鞘逐渐干缩成膜状。

假茎俗称“葱白”，是大葱的主要产量器官。其产量构成由单叶鞘质量和宿存叶鞘数决定。叶鞘是大葱主要的营养储藏器官。幼苗期，叶鞘较薄且短，假茎较细；进入假茎形成期后，叶身的养分逐渐向叶鞘转移，并储存于叶鞘中，使假茎质量大增。大葱叶片和假茎如图 2-4 所示。

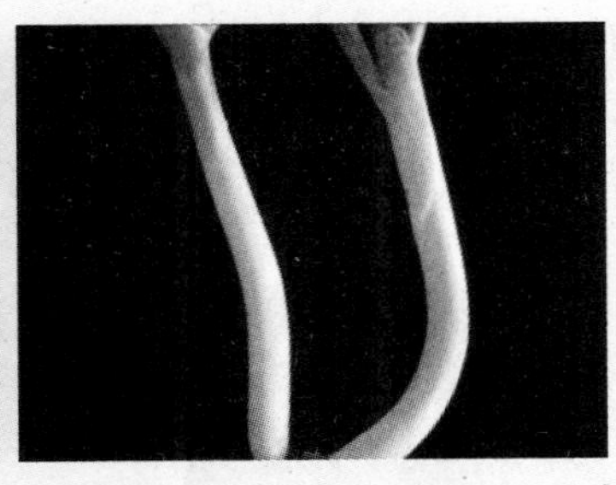

图 2-4 大葱的叶片和假茎

大葱的产量和品质主要决定于假茎的长度、粗度、紧实度和各种营养成分含量。假茎的生长与发叶速度、叶数、叶面积、光合速率等品种特性相关。一般叶数越多，则假茎长而粗；叶身生长健壮，则叶鞘肥厚，假茎粗大。同时，假茎的生长也受温度、光照、水分、土壤等外界环境因素的综合影响。

假茎的长度可随培土层加厚而逐渐伸长。因此，通过分期培土，为假茎生长创造黑暗和湿润的环境条件，不仅能促进叶鞘伸长，还能软化假茎，提高品质。

4. 花

大葱完成阶段发育后，茎盘顶芽分化伸长为花薹，呈圆柱形，基部充实，内部充满髓状组织，中上部中空，其横径和长度因品种特性和营养状况而异。花薹绿色，被有蜡粉层，具有较强的同化功能，是大葱的重要同化器官。

花薹顶端着生头状花序，每个花序有小花 400 ~ 600 朵不等，外由白色膜质佛焰状总苞包被，开花时总苞开裂。

大葱花为两性花，属虫媒自由授粉作物，采种时应要注意不同品种之间的隔离。小花长有细长花梗，花被片白色，6枚，长7～8mm，披针形；雄蕊6枚，基部合生，贴生于花被片上，花药矩圆形，黄褐色；雌蕊1枚，子房倒卵形、上位花、3室，每室可结2籽，花柱细长、先端尖，柱头晚于花药成熟1～2天，并长于花药，未及时接受花粉完成受精作用的柱头会膨大伸长而发亮并布满黏液。柱头授粉有效期长达7天，柱头接受花粉后迅速萎蔫，花粉管开始萌发。一般来说，花序顶部的小花先开，依次向下开放，持续15～20天。大葱不同形状的花序如图2-5所示。

图2-5　大葱不同形状的花序

5. 果实和种子

大葱的果实为蒴果，每果含种子6枚。蒴果幼嫩时呈绿色，成熟后自然开裂，散出种子。由于同一花序上小花开放时间的不一致，同一种球上下部果实和种子成熟期可相差8～10天。为提高种子质量，可在花序上有1/4的种子变黑开裂时采收，并阴干后熟。

大葱种子为黑色、遁形，有棱角、稍扁平，断面呈三角形，种皮表面有不规则的皱纹，脐部凹陷。种子千粒重为3g左右，常温下种子的寿命为1~2年，但在高温多湿环境储藏的种子，其活力迅速下降，发芽率大大降低，因此生产上宜用新种子或将种子于低温干燥环境下储藏。大葱种子种皮坚硬，种皮内为膜状外胚乳，胚白色、细长呈弯曲状，发芽吸水能力弱。发芽出土过程比较特殊，储藏养分少。大葱的果实和种子如图2-6所示。

图2-6 大葱的果实和种子

第二节 大葱的生育周期

大葱属于2~3年生耐寒性蔬菜，整个生育期可分为营养生长和生殖生长两个时期，历时21~22个月。根据不同时期的生育特点，可划分为以下几个阶段。

1. 发芽期

从播种到第一片真叶出现为发芽期。大葱的发芽过程称为“立鼻直钩”。在20℃条件下，一般播后7~10天即可出土。发芽期需要有效积温140℃左右。

2. 幼苗期

从第一片真叶出现到定植为幼苗期。大葱幼苗期较长，秋播冬储大葱苗期时间长达8~9个月。因此，可将幼苗期划分为幼苗生长前期、休眠期和幼苗生长盛期3个时期（图2-7）。

图2-7　不同品种大葱幼苗期

（1）幼苗生长前期　从第一片真叶出现到越冬前停止生长为幼苗生长前期，需40～50天。此期气温较低，光照较弱，幼苗生长量较少，在管理上既要适当晚播防止幼苗营养体过大引发第二年先期抽薹，还要防止幼苗徒长降低越冬能力。

（2）休眠期　从越冬到第二年春返青为休眠期。此期处于严寒季节，大葱生长极微，处于冬眠状态。休眠期长短因各地寒冬季节长短和品种特性而异。管理上应注意冬前浇封冻水，铺盖粗肥，设置风障等防寒保墒，助苗越冬。

（3）幼苗生长盛期　从返青到定植为幼苗生长盛期，长达80～100天，此期是培育壮苗的关键时期。管理上返青后要浇返青水，追"提苗"肥，及时间苗和除草，防止幼苗徒长，培育壮苗。

3. 假茎形成期

大葱从定植到收获称为假茎形成期，需120～150天。又可分为缓苗越夏期、发叶盛期、假茎形成期和假茎充实期4个时期。初期生长比较缓慢，秋凉以后进入旺盛生长期。

（1）缓苗越夏期　大葱定植后适逢高温雨季，缓苗阶段植株生长缓慢。此期土壤通气性差，易导致烂根、黄叶和死苗。管理上应注意雨后排涝，加强中耕，促发新根和缓苗，此期约60天。

（2）发叶盛期 入秋后，大葱进入发叶盛期，其发叶速度与温度有关。气温在20℃以上时，3～4天发生1片新叶，气温降到15℃，7～14天才能发生1片新叶。此期约30天，伴随叶片的旺长，假茎开始形成。

（3）假茎形成盛期 白露前后是大葱生长的最适宜时期，进入假茎形成盛期，假茎迅速生长和增粗。此期植株功能叶片数最多，一般有6～8片，而且叶片功能最强，是肥水管理、培土软化的适宜季节。此期约60天，管理上应分期培土，追施速效性肥料，加强灌水，促进植株生长，增加营养物质积累，使叶身中的营养物质及时向叶鞘转移，加速假茎的形成（图2-8）。

图2-8 大葱假茎形成期

（4）假茎充实期 当平均气温降至4～5℃时，叶身生长趋于停顿，假茎增长速度减慢，叶身和外层叶鞘的养分继续向内层的叶鞘转移，使假茎更加充实，而成龄叶趋于老化和黄化。此期历时约10天，大葱进入收获期。

4. 休眠期

大葱收获后在低温条件下被迫进入休眠状态，直到第二年春季才萌发新芽和抽生花薹。

5. 返青期

当春季气温达到7℃以上时，植株开始返青生长，到花薹露出出叶孔时为返青期，历时约30天（图2-9）。

图2-9 大葱返青期

6. 抽薹期

从花苞露出出叶孔至始花为抽薹期，历时约30天（图2-10）。

图2-10 大葱和分葱抽薹期

7. 开花与结籽期

大葱在越冬期间感受低温而通过春化阶段，形成花芽；遇到高温和长日照条件则抽薹开花，形成种子，完成了整个生育周期（图2-11）。

图 2-11　大葱和分葱开花期

第三节　大葱对环境条件的要求

大葱属喜凉蔬菜，其营养生长时期需要凉爽的气候，肥沃、湿润的土壤和中等强度的光照条件。因此，大葱产量和品质的形成应以秋凉季节为宜，并要严格控制发育条件，防止先期抽薹，方可提高产量和品质。

1．温度

大葱既抗寒又耐热，对温变适应性强，但营养生长时期以凉爽的气候条件为宜。大葱种子可在 4～5℃的低温下发芽，但在 13～20℃的温度条件下发芽迅速，播后 7～10 天即可出土。植株生长适温为 20～25℃，低于 10℃生长缓慢，25℃以上高温下植株细弱，叶身发黄，易发病害。超过 35℃，植株呈半休眠状态，外叶枯黄。

大葱的抗寒性极强，－10℃的低温下不致发生冻害。幼苗期和假茎形成期的植株，在土壤和积雪的保护下，可以安全度过－30℃的严寒季节。因此，在高寒地区，不加保温覆盖物也能安全越冬。大葱的耐寒能力取决于品种特性和植株营养物质的积累。当幼苗过小时，耐寒能力低，经过锻炼或处于休眠状态的植株耐寒能力显著提高。

大葱属于绿体春化植物，当营养体长至一定大小时感受低温通过春化，在适宜光温条件下即可抽薹开花。因此，大葱秋播时间不宜过早，以免越冬前营养体过大，第二年春季发生先期抽薹，失去商品利用价值。若播种过晚，则葱苗因根系较浅，营养物质积累较少，越冬时易冻死苗。

2. 水分

大葱叶片耐旱，根系喜湿，生长期间要求较高的土壤湿度和较低的空气湿度。大葱的各个生育阶段对水分的需求存在差异。根据其不同生育期的需水规律和气候特点进行水分管理，是获得大葱高产的重要措施。一般而言，发芽期保持土壤湿润，以利萌芽出土；幼苗生长前期为防止徒长或幼苗过大，应适当控制水分，保持土壤见干见湿；越冬前浇足封冻水，防止苗床缺水，冻干死苗；返青后及时浇灌返青水，促幼苗返青生长；幼苗生长盛期，土壤蒸发量大，生长加速，应增加浇水次数和浇水量；定植后缓苗阶段应以中耕保墒为主，促根系早发，避免土壤过湿引起烂根、黄叶。假茎形成期是大葱产量和品质形成的关键期，需水量达到最高值，生长速度快，一般5～7天浇水1次，保持土壤湿润。收获前10天，减少灌水，以利于养分回流，提高耐储性。

大葱适宜生长的空气湿度是60%～70%，湿度过大容易导致病害发生。

【提示】 一般来说，水分不足，大葱苗期植株生长较慢，植株矮小，辛辣味浓；土壤过湿则易引发沤根、死苗。生产上还应注意大葱播后遇旱，此时不易出苗或出苗不齐，应及时灌水。

3. 光照

大葱对光照要求适中，其光补偿点为1200lx，光饱和点为25000lx。光照过强，植株纤维含量增多，叶身老化，食用品质下降；光照过弱，光合强度下降，叶身黄化，影响营养物质的合成与积累，引起减产。

适宜的光强和增加日照时数有利于大葱叶身生长，而假茎则在黑暗湿润环境下生长良好，因此，生产上常采用大垄宽行定植，培土软化的方法提高其产量和品质。

大葱营养体通过低温春化后，长日照条件可诱导其花芽分化，由营养生长转至生殖生长。但不同生态型品种对日照长短反应存在差异，对长日反应不敏感的品种春播过早易抽薹开花，生产应加以注意。

4. 土壤营养

大葱对土壤条件的适应性较广，沙壤土至黏壤土均可栽培。但沙土过于松散，不易培土，保水保肥性差，产量低。黏土栽培则不利于大葱发根和假茎生长，使其品质较差。沙壤土土质疏松、通透性好、有机质丰富，便于松土和培土，易获高产。

大葱喜肥，每生产500kg大葱，约吸收钾2.0kg、氮1.5kg、磷0.61kg。施肥提倡以有机肥料为主，氮、磷、钾平衡施用。

青葱应重施氮肥，在施足基肥的基础上，根据各生育期的需肥特点进行追肥，方能获得高产。

大葱的氮、磷、钾元素吸收比例为(65~75)∶(13~15)∶100。钾素吸收量最大，磷吸收较小，但缺磷、氮的植株长势较差。生产上应注意增施磷、氮肥。另外，钙、锰、硼等微量元素对大葱生长也有一定作用。

大葱要求中性土壤，土壤的pH为7.0左右对大葱生长最为适宜。栽培时土壤的pH范围为5.9~7.4，生育界限pH为4.5。若在酸性土壤中种植大葱，应施生石灰进行土壤改良。

大葱栽培应避免连作，常年连作易发连作障碍，导致病虫害加重，养分吸收失衡，产量和品质下降。

第三章
大葱优良品种介绍

目前，我国大葱生产用品种多为优良地方品种，近年结合出口引进了部分日本品种。在大葱生产的品种选择或引种上应注意坚持生态型相似的原则、纬度相近的原则和栽培方式与条件相近的原则，以选用当年产新种子为佳。

一 长假茎类型优良品种

长白大葱是我国栽培面积最大的大葱类型，其基本特征是假茎较长，出叶孔间距大，丰产性好，香辛油与可溶性糖的比值较低，粗纤维少，适于鲜食，缺点是干物质含量相对较低，耐储性一般。其代表品种见表3-1。

表3-1 长白大葱品种表

编号	品　种	品种来源	特征特性
1	章丘大葱	山东章丘地方品种，现为国内广泛引种，包括“大梧桐”和“气煞风”两类型	大梧桐为大葱中最长的品种，植株不分蘖，株高120～140cm，最高的可达190cm，假茎匀直，长55～65cm，横径3.0～3.5cm，叶身细长，叶色鲜绿，叶直立，出叶孔间距较大。单株鲜重500～600g，质嫩味甜，纤维少，含水量多，微辣，最宜生食，耐储运性差，不耐抽薹；气煞风植株不分蘖，株高110cm左右，假茎长40～50cm，横径3.5～4.0cm，单株鲜重500g左右，管状叶较大梧桐的粗，颜色深，出叶孔间距小，抗风，宜生、熟食

（续）

编号	品　　种	品种来源	特征特性
2	掖辐1号	由山东省莱州市从章丘大梧桐品种辐射诱变变异后代中选育而成	该品种生长势旺盛，抗病性强，产量高，耐抽薹性一般。株高130cm以上，假茎长50～60cm，假茎横径4～5cm，单株重500g左右。假茎质地脆嫩，味甜微辣，商品性较好。生食、熟食皆宜，一般亩产5000kg以上
3	寿光八叶齐	山东省寿光市地方品种	生长势强，株高1m以上，不分蘖。假茎长40～50cm，假茎横径3～4cm。叶扁宽的值较大，叶色绿，叶面蜡粉较多，抗病毒病，对紫斑病抗性稍差。风味较章丘大梧桐稍辣，生食、熟食均可。单株重400～600g，一般每亩产鲜葱4000kg左右
4	北京高脚白	北京市地方品种，1987年经天津市农作物品种审定委员会认定	株高80～100cm，假茎长40～50cm，假茎横径3cm左右，生育期内功能叶数6～8片，单株重500～700g，品质好。一般亩产5000kg左右
5	华县孤葱	又名华县谷葱，陕西省华县地方品种，主要分布在陕西关中地区	植株不分蘖，株高90～100cm，假茎长50～65cm，横径3.5～4.0cm，出叶孔间距大，单株鲜重330g左右，管状叶身粗而坚挺。耐寒、耐旱、抗病、耐储藏，香味浓，宜生、熟食。每亩产鲜葱3000～4000kg
6	海阳葱	河北秦皇岛市海阳地区地方品种	植株分蘖性弱，株高80～90cm，假茎长35～40cm，横径2～5cm，功能叶片有6～8片，单株鲜重150g。叶色深绿，叶面蜡粉多，叶间距小。抗寒，晚秋经霜打后叶身不会折倒，抗霜霉病和紫斑病，宜生、熟食。一般亩产鲜葱2500～3500kg
7	鳞棒葱	辽宁省凌源市地方品种，主要分布在辽西，适于丘陵地区栽培	植株长势强，不分蘖，株高110～130cm，假茎长45～55cm，横径2.5～3.0cm，单株鲜重300～500g，干葱率高。耐储运，味甜而微辣，香味浓。生、熟食皆宜。每亩产鲜葱3000kg以上

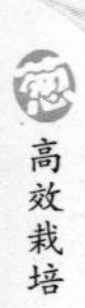

（续）

编号	品　　种	品种来源	特征特性
8	营口三叶齐	由辽宁省营口市蔬菜研究所利用地方品种系选育而成	株高120～140cm，假茎长60～70cm，假茎横径2.0～2.6cm，假茎外膜紫红色。功能叶片数3～4片，叶色深绿，叶身细长，叶面蜡粉厚。单株重300g以上，一般每亩产鲜葱3000kg以上。较抗紫斑病，紧实度高，抗倒伏
9	毕克齐大葱	内蒙古自治区土默特左旗农家品种	株高95～115cm，假茎长40cm，假茎横径2.0～3.0cm，单株重150g左右。成株假茎外皮形成紫红色条纹或棕红色外皮。抗逆性强，假茎紧实，脆嫩，辛辣味浓，品质佳，耐储运。一般每亩产鲜葱2000～3500kg
10	鞭杆葱	山西省运城市农家品种	植株无分蘖，株高100cm左右，假茎长40cm以上，假茎横径2～3cm，单株重400g左右。叶色深绿，叶面蜡粉多。假茎质地紧实，辣味浓，品质佳。一般亩产鲜葱3000～4000kg
11	赤水孤葱	陕西省赤水农家品种	株高100cm左右，假茎长50～60cm，假茎横径2.5cm左右，单株重300g左右。叶色深绿，叶面蜡粉少。假茎质地脆嫩，微辣，抗逆性好，耐储藏。一般每亩产鲜葱4000kg左右
12	中华巨葱	河南省许县果树蔬菜研究所葱研究室从章丘大梧桐与章丘气煞风的杂交后代中经系普法选育而成	植株高大，不分蘖，株高100～150cm，假茎长70～75cm，假茎横径4.0cm，单株重600 g。假茎粗细均匀，紧实度好，微辣，生、熟食均宜。长势快，抗倒伏，商品性好
13	潍科1号大葱	由潍坊科技学院园艺科学与技术研究所利用长白鸡腿葱雄性不育系为母本，紧实长白大葱为父本选育的杂交一代新品种	长白鸡腿型，假茎干物质含量高，紧实度高，叶片较长上冲，叶色深绿，蜡粉层较厚，功能叶片有6～8片。株高120～150cm，假茎长40～50cm，横径3.5～5.0cm，叶扁宽为3.5～5.0cm，单株重550～700g，辣味较浓，耐抽薹，商品性好。高产稳产，夏季耐高温，抗黄条矮化病毒病和紫斑病。适于北方成株和半成株露地栽培

（续）

编号	品　　种	品种来源	特征特性
14	郑研寒葱	由河南省郑州市蔬菜研究所从日本宏大朗寒葱中选育而成	株高130～150cm，假茎长60～80cm，单株重500g。假茎紧实致密，干物质率高，品质好。叶色深绿，运输过程不易枯黄。生食辣味浓且散发出清香，储藏后风味不减，适合加工。抗寒性极强，兼具耐热特性，可作四季栽培。华北平原及其生态相似地区均可种植
15	郑研大葱1号	由河南省郑州市蔬菜研究所从郑州市地方品种长白条大葱中选育而成	品种生长势强，株高120cm左右，假茎长50cm左右，香味浓，品质好，四季均可栽培，是全年供应上市的理想品种。一般亩产量4500kg左右。适于华北、西北地区种植
16	河北巨葱	河北地方品种	植株高大，株高150cm左右，假茎长60～90cm，横径3～6cm，单株平均重350g左右，丰产性好。味辣，香味浓。抗病虫能力强，适应性广，春秋季均可种植，也可设施栽培。适于东北地区和华北平原种植
17	仙鹤腿大葱	河北省秦皇岛市海港区主栽地方品种	株高100～130cm，假茎长80cm左右，单株重350～500g，每亩产量3000kg以上。辛辣味浓，品质好，以春、夏栽培，秋季收获、储藏干葱为主，也可周年生产。适于河北、北京、天津、辽宁等地栽培
18	辽葱1号	由辽宁省农业科学院蔬菜研究所以冬灵为母本，三叶齐为父本杂交选育的大葱新品种	生长速度快，生长势强，是麦茬葱和马铃薯等菜茬葱的理想品种。商品性好，假茎长度适宜，质地紧密、细嫩，假茎较粗。对病毒病、霜霉病、锈病的抗性较强。比较稳产，每亩产量一般为3000～4000kg，最高的可达6000kg。植株高120cm左右，假茎长40～50cm，假茎横径3～4cm，叶片深绿色，蜡粉层较厚。叶片上冲，较抗风。生长期间功能叶片（常绿叶片）4～6片。营养生长期间植株不分蘖，最大单株鲜重可达700g 春育苗和秋育苗均可，辽宁、沈阳及相邻各省、市定植较晚的麦茬葱和多种菜茬葱一般为春育苗，播种期不晚于4月上旬，每平方米播种量不可超过3g，秋育苗在9月上旬（白露前后）播种，应尽早定植，行距65～70cm，株距5cm。适于辽宁、黑龙江、吉林、河北、河南、甘肃、北京、天津、内蒙古和新疆等地的栽植

（续）

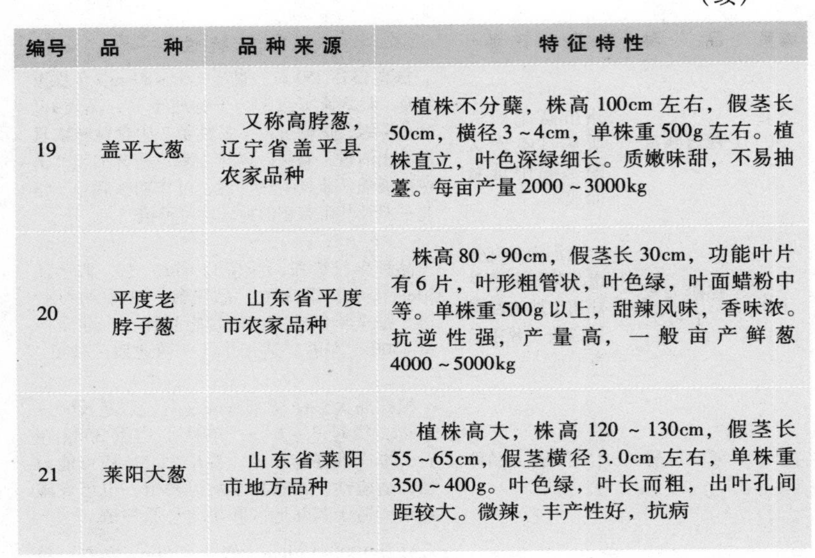

编号	品种	品种来源	特征特性
19	盖平大葱	又称高脖葱，辽宁省盖平县农家品种	植株不分蘖，株高100cm左右，假茎长50cm，横径3～4cm，单株重500g左右。植株直立，叶色深绿细长。质嫩味甜，不易抽薹。每亩产量2000～3000kg
20	平度老脖子葱	山东省平度市农家品种	株高80～90cm，假茎长30cm，功能叶片有6片，叶形粗管状，叶色绿，叶面蜡粉中等。单株重500g以上，甜辣风味，香味浓。抗逆性强，产量高，一般亩产鲜葱4000～5000kg
21	莱阳大葱	山东省莱阳市地方品种	植株高大，株高120～130cm，假茎长55～65cm，假茎横径3.0cm左右，单株重350～400g。叶色绿，叶长而粗，出叶孔间距较大。微辣，丰产性好，抗病

二 短假茎类型品种

短白大葱地方品种在我国部分地区栽培面积较大，其突出特点是假茎较粗，干物质率高，栽培用工相对较少，精细管理也可获得高产。其代表品种见表3-2。

表3-2 短白大葱品种表

编号	品种	品种来源	特征特性
1	沂水大葱	山东省临沂县农家品种	株高70cm，假茎长25～30cm，单株重500g以上。叶片有6片，叶色深绿，叶面蜡粉中等。甜辣风味，香味浓。抗逆性强，产量高，一般亩产鲜葱5000kg以上
2	对叶葱	河北省深泽县农家品种，因葱叶得名	株高60cm以上，假茎长30～35cm，单株重120～130g。管状叶粗，对生，叶色深绿，叶面蜡粉中等。味甜稍辣，风味浓，生、熟食皆宜。每亩产鲜葱3000kg以上

（续）

编号	品　　种	品种来源	特征特性
3	黑葱	陕西省宝鸡市农家品种	株高100cm，假茎长35cm，单株重300g。管状叶粗，叶色深绿，叶面蜡粉少。风味辛辣，香味浓
4	托县孤葱	托克托县农家品种，内蒙古自治区品种审定委员会1989年审定	不分蘖，株高90～100cm，假茎长45cm左右，横径2～3cm。单株重100～150g。耐寒、耐旱、适应性强。肉质脆嫩，味甜，辣味较浓，品质中上。每亩产量1500～2000kg，产量高的达3000kg以上。适于内蒙古自治区呼和浩特市及与其气候条件近似的地区种植
5	安宁大葱	云南省昆明市地方品种	植株长势强，假茎长25～30cm，横径2～3cm，假茎洁白、脆嫩，甜辣适度，芳香味浓，风味佳。单株重150～300g。春秋两季均可栽培。适于云南、广西等地种植
6	五叶齐	为天津宝坻地方品种经多年选优选纯而成，主要分布于京、津和冀东	植株不分蘖，株高120～150cm，假茎长30～40cm，横径3～5cm，单株鲜重400～800g。生育期内保持5片功能叶，出叶孔间距小。抗风，抗寒，抗旱。宜生、熟食

三 鸡腿葱品种

鸡腿葱的主要特征是假茎基部膨大呈鸡腿形或蒜头状，假茎较短，辣味浓，干物质率高，但目前各地方品种丰产性一般。其代表品种见表3-3。

表3-3　鸡腿葱品种表

编号	品　　种	品种来源	特征特性
1	隆尧鸡腿葱	河北隆尧地方品种，冀南、鲁西均有分布	株高80～100cm，假茎长20～25cm，上细下粗呈鸡腿状，下部最大横径达5～8cm，单株鲜重300～500g，假茎叶鞘基部明显增厚，肥嫩，辛辣味浓，耐热，耐寒，耐储运，适应性强

（续）

编号	品　种	品种来源	特征特性
2	莱芜鸡腿葱	山东莱芜地方品种	植株分蘖力弱，株高70～80cm，假茎长20～25cm，底部叶鞘增厚抱合呈鸡腿形，基部横径4.5cm，单株鲜重200～250g。叶色绿，叶面蜡粉中等。抗冻，耐储运，香辣味浓，宜熟食。每亩产鲜葱3000～4000kg
3	独根葱	天津市汉沽县农家品种	株高60cm左右，假茎长25～30cm，单株重150g左右。假茎基部膨大，横径4.5cm，向上渐细，且稍有弯曲。叶片有8～9片，叶色深绿，叶面蜡粉多。假茎肉质细密，辛辣味浓，品质佳。抗病，耐储藏，每亩产鲜葱2000～3000kg
4	大头葱	宁夏银川市农家品种	株高100cm，假茎长20cm，单株重350g。假茎基部呈鸡腿状。叶色深绿，中管状，叶面蜡粉少。味辛辣，风味浓
5	小火葱	吉林省浑江市农家品种	株高70～80cm，假茎长18～20cm，单株重100～150g。假茎鸡腿状，外皮紫红色，叶细管状，绿色，叶面蜡粉多。味辛辣，香味浓，适宜熟食

四　分葱品种

常见北方型分葱和南方型分葱的代表品种见表3-4。

表3-4　常见北方型分葱和南方型分葱品种表

编号	品　种	品种来源	特征特性
1	青岛分葱	青岛市农家品种	分蘖性强，种子繁殖。株高50～60cm，单蘖重30～50g，管叶细长，叶色绿，叶面蜡粉少。味辣，香味浓，耐储藏，生、熟食皆宜。多采用畦作密植栽培，每亩产鲜葱2000～3000kg。适于北方春夏季栽培

（续）

编号	品　　种	品种来源	特征特性
2	潍科2号分葱	由潍坊科技学院园艺科学与技术研究所利用辐射育种技术从欧洲分葱资源中选育而成	属北方型分葱，种子繁殖，单株分蘖4～5个，单株重800g左右，株高100cm，单蘖具有大葱特征。假茎长35～40cm，假茎长/株高的值为0.35，假茎横径为1.98cm，假茎指数15.9。叶色深绿，叶片上冲，株型紧凑。叶长75cm，叶形指数为21.4。抗病，极耐抽薹，品质优良。丰产性好，亩产可达5000kg/亩以上。山东省9月初秋播或3月春播均可在第二年或当年11月上中旬成熟收获
3	临泉分葱	安徽省临泉县农家品种	单株分蘖4个，株高100cm左右，假茎长40cm左右，假茎横径1～3cm。管叶较粗，叶色翠绿，叶面蜡粉少。微辣，香味浓，品质优良。耐寒、耐旱，适应性强，适宜加工葱油，每亩产鲜葱4000kg左右
4	四六枝大葱	内蒙古自治区包头市农家品种	单株分蘖4～6个，株高60～70cm，单株重200g左右。管叶细长，浅绿色，蜡粉多。假茎洁白，风味中等
5	重庆角葱	重庆市农家品种	株高75～80cm，假茎长15～20cm。管叶较粗，绿色，蜡粉多。假茎圆筒形，洁白，香味浓。适合当地全年栽培
6	泰州朱葱	江苏省泰州市农家品种	单株分蘖20个左右，株高40cm，假茎长10cm左右，单蘖重50g左右。叶细管状，深绿色，叶面蜡粉多。假茎圆筒形，绿白色。当地多以9月下旬～10月下旬栽植，12月中旬～第二年1月收获
7	双港四季葱	由天津市津南区双港镇农科站和天津市宏程芹菜研究所从韩国引进资源定向选育而成，2000年通过天津市农作物品种审定委员会审定	株高60～70cm，分蘖横径0.8～1.0cm，单株定植后当年分蘖3～4个，假茎长15～20cm。香味浓，辣味适中，口感好。抗紫斑病，耐寒性强，适应性广，可连续以中小株多茬收获。平均每亩产量8000kg。京、津地区4～5月播种，7～8月定植，第二年4月下旬收获。适于天津、华北等地栽培

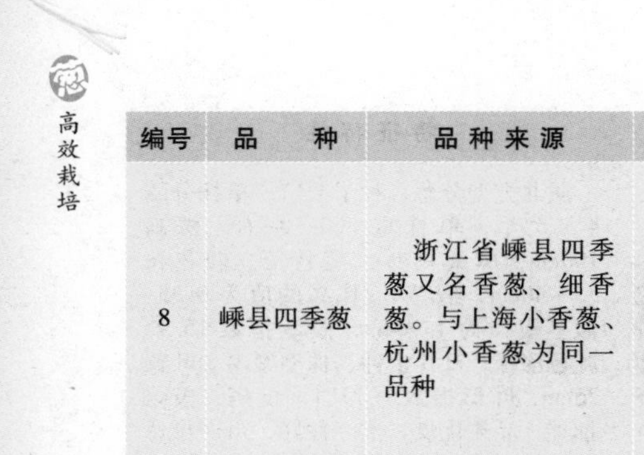

（续）

编号	品　　种	品种来源	特征特性
8	嵊县四季葱	浙江省嵊县四季葱又名香葱、细香葱。与上海小香葱、杭州小香葱为同一品种	单株分蘖5~7个，株高30cm左右，直立丛生。质地细嫩，四季青绿，不辛不辣，香味纯正。耐寒、耐热，抗病。可直播和移栽。南方一年四季均可播种，适宜在沙壤土、壤土上种植。一般亩产鲜葱1000~1500kg，适宜华东等地区栽植
9	兴化分葱	兴化分葱是江苏省兴化地方品种	叶管长30~40cm，假茎白色，较短，长15~20cm，分蘖力强，一般可形成20~30个分蘖，抗病性较强。适于春秋两季栽培
10	天津分葱	天津市南郊区的一个早熟地方品种	株高40~50cm，叶呈中细管状，叶面微着蜡粉，叶尖向上或斜生、绿色。假茎上部略为暗红色，下部为白色。单株重50g左右。分蘖力强，抗寒、耐热、耐涝。一般在6月上旬分栽，第二年4月采收，株丛辛辣味浓，是优良的辛香调味葱
11	高脚黄分葱	河南信阳市郊地方品种	植株中等，株高30~35cm。叶长25~30cm，黄绿色。假茎长23cm，可形成10~15个分株。辛香味浓，品质好
12	四季米葱	—	植株较小，叶细长，长15~25cm，粗0.3~0.5cm。分蘖力强，抗寒、抗热性强，品质好

五　引进的日本大葱品种

近年来，我国大葱主产区陆续引进大量日本大葱品种，主要用于出口生产。引进日本大葱类型多表现为叶色深绿，植株健壮，干物质率高，假茎紧实度好，耐储运，极耐抽薹，商品性好。辣味较浓，适于加工。其代表品种见表3-5。

表3-5 引进的日本大葱品种表

编号	品种	特征特性
1	元藏大葱	叶色深绿，假茎紧实，是最适合日本市场需求的大葱。株高100cm左右，假茎长40cm，横径3.0cm，单株重300~400g。耐寒、耐热，抗旱性强，抗锈病。干物质率高，辣味浓，品质优。可春、秋季播种，周年栽培
2	长宝大葱	耐热性、耐寒性极强，高温季节同样生长旺盛，适于夏秋至秋冬收获。株高100cm左右，假茎长35~40cm，横径2.5cm，单株重200~250g。根系发达，假茎紧实，有光泽，整齐度好，叶片稍短、深绿，不易折断。抗锈病、霜霉病，耐抽薹
3	夏黑2号大葱	耐热性强，兼具耐寒性，可作越夏大葱品种。株高80~90cm，假茎长30~40cm，横径2.5cm，单株重300g左右。植株直立性强，叶色深绿，假茎洁白，有光泽
4	天光一本大葱	抗逆性和抗病性强，属丰产性品种，适于周年栽培。株高80~90cm，假茎长30~40cm，横径2.5cm，单株重220g左右。管叶短粗，叶色深绿，不易折断。假茎紧实，洁白，有光泽，商品性好。抗锈病、霜霉病、黑斑病、白腐病
5	元宝208大葱	综合性状优良，适于多茬口栽培。株高90cm左右，假茎长35~40cm，横径2.5~3.0cm，单株重250g左右。植株直立，管叶短粗，叶色深绿，抗病性强
6	天元大葱	耐热，抗病，夏季高温下长势良好，适宜夏季、秋季收获。株高80cm左右，假茎长30~35cm，横径3.0cm，单株重300g左右。管叶上冲，绿色，假茎紧实，匀直，有光泽，品质好，风味浓。山东地区最佳收获期为7~9月
7	春味大葱	植株直立，较高，生长势旺盛，不易被风折叶，可以密植栽培，抽薹晚，低温下生长佳。叶鲜绿色，叶鞘部生长快，假茎部紧实。栽培适期：上海地区4~5月播种，10月~第二年3月收获；山东地区10月播种，第二年5~7月收获，大棚栽培

（续）

编号	品　种	特征特性
8	吉藏大葱	为夏秋收获品种。株高80cm左右，假茎长30~35cm，横径3.0cm，单株重300g左右。假茎紧实均一，有光泽，质软味佳。与其他夏季大葱比较，耐热性和抗病性强，易于栽培管理。亩产鲜葱2000kg
9	明彦大葱	适于春秋播种，综合性状佳。株高70~80cm，假茎长30~35cm，横径2.4cm，单株重200g左右。管叶深绿，上冲，粗长，不易折叶。假茎匀直洁白，有光泽，但收获过晚易发叶鞘颈部冻害和叶片枯萎现象。山东省3~4月上旬播种，12月~第二年2月收获，表现佳。抗锈病、霜霉病
10	日本5号大葱	丰产性好，抗性强。植株高大，株高120cm左右，假茎长50cm，横径2.5cm，单株重300g左右。适于春秋播种，成株或半成株收获均可
11	佳宝大葱	耐热性、耐寒性极强的品种。叶子直立，叶色深绿，不易折断。叶鞘基部紧实，假茎紧实，口味佳，品质好，加工成品率高。容易栽培，根系发育快。夏季高温时生长旺盛，冬季低温时变黄，叶子较少，耐锈病、霜霉病、黑斑病能力较强。适宜夏秋、秋冬季节收获
12	极晚抽一本大葱	耐热、耐寒性强，极耐抽薹，晚春至初夏抽薹时间晚，商品期长，通过调整播期能实现周年上市。植株整齐度高，假茎长40~45cm，有光泽，叶鞘紧实，风味好，可密植栽培
13	超级元藏大葱	叶直立，深绿色，假茎紧实度好，株型紧凑。生长旺盛，耐寒性、耐热性均佳，可密植栽培。成品率高，丰产。抗病性强，耐抽薹
14	金长3号	金长的改良品种，生长极快，早熟，冬季—早春播种可比其他品种提早上市。叶鞘部紧实，假茎长45cm，整齐度好，有光泽，低温伸长性和耐寒性好，需给予良好的肥水管理，培土不宜过早。叶片直立、较细，叶鞘颈部紧抱，商品性好。江、浙、沪地区一般在3月中下旬播种，10月下旬~11月上旬收获

（续）

编号	品　　种	特征特性
15	崎玉一本大葱	新型优质大葱品种。叶直立，深绿色，叶鞘颈部紧密抱合。假茎洁白，有光泽，可密植栽培。丰产性好，成品率高，易栽培管理
16	宝藏大葱	出口加工专用品种。管叶直立上冲，株型紧凑，叶色深绿，不易折叶。假茎紧实，洁白有光泽，商品性优。生长旺盛，根系扩展快。耐旱，耐寒、耐热，抗锈病，适应性广
17	玉郡直树大葱	种性优良，适于加工及保鲜出口。叶片直立，叶色深绿，株型紧凑。假茎紧实，整齐度好，纯白色，有光泽，风味佳。耐热、耐寒，生长势旺，成品率高，易栽培。抗黑斑病、锈病、霜霉病、菌核病
18	雄浑大葱	出口保鲜专用品种。叶短粗，直立上冲，株型紧凑。叶色深绿，叶肉厚。假茎紧实，品质好。长势快，抗病性强，耐热，抗寒。适宜春秋播种，夏秋收获
19	浅黄系九条葱	由日本Takii种苗株式会社选育而成。该品种的显著特点是叶色鲜绿，全株功能叶片约10片。丰产性好，品质优良，深受市场欢迎。3月下旬~4月上旬播种，9月上旬~10月中旬收获。适合温带地区种植
20	冬越一本太大葱	山东省引进的日本长野县松本地区的地方品种。早熟，极耐寒，品质优良。秋播以幼苗越冬，开春后新叶萌芽迅速。假茎紧实，长约40cm。适于山东省及与其气候相似的地区种植
21	清川一本太大葱	早熟，整齐性好，产量高。叶色深绿，假茎长势快，质硬，不易折断。极耐热，抗病，适于中纬度地区秋播夏收或可春播秋冬收获。适于山东省及全国气候相似的各地种植

（续）

编号	品　　种	特征特性
22	芳晴大葱	叶形直立上冲，叶色深绿，不易折断。假茎紧实匀直，洁白有光泽。风味佳，品质优，加工成品率高。根系发育快，夏季高温时生长旺盛，冬季低温时变黄，耐葱锈病、霜霉病、黑斑病。适宜夏秋、秋冬季节收获
23	长悦大葱	晚抽薹，耐热、耐寒性强，通过调整播种期可周年供应。假茎长 40cm，折叶少，适合密植
24	吉祥大葱	耐热性、耐寒性强，早熟，丰产。叶色深绿，不易折叶，长势强。假茎长 45cm 以上，横径 2.5cm，品质优良。抗病性强，适应性广

第四章
大葱露地栽培技术

第一节　大葱的栽培茬口和周年生产

一　大葱产品的收获形态和特点

大葱以假茎和绿叶作为收获器官。从植株形态来看，主要以干葱和青葱供应市场。

干葱又称冬储大葱或冬葱，是指秋末收获后冬储，主要以干枯的假茎供食用的葱，干葱可采用秋播或春播促成栽培模式，生育周期较长，对生产、收获季节和产品规格要求较严（图4-1）。

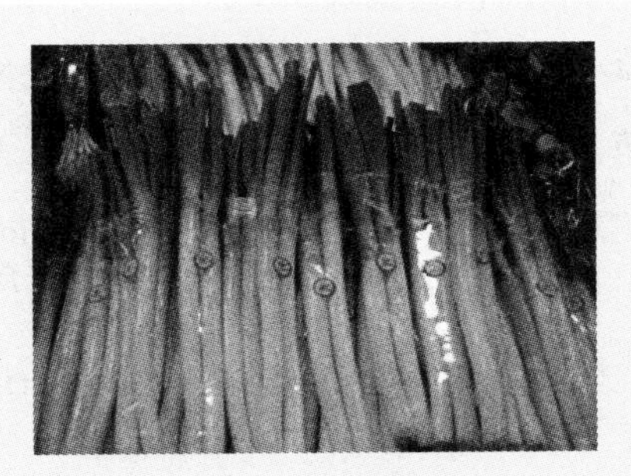

图4-1　冬葱

青葱是以假茎和绿叶供应市场，因此葱的大小规格、生产、收获季节没有严格规定，可根据市场需求，进行露地结合设施栽培，实现大葱的周年供应（图4-2）。

图4-2 青葱

二 大葱栽培季节与茬口安排

大葱适应性较强，耐寒抗热，在一定的设施条件下可以分期播种，达到周年供应。因此，根据收获产品不同，各地大葱栽培茬口差异较大。

根据收获时间不同，大葱的栽培茬口主要有冬储大葱栽培、大葱秋延迟栽培、大葱越冬栽培、大葱越夏栽培、露地小葱栽培、露地或保护地倒茬栽培等茬口。以华北地区为例，大葱常见茬口的栽培季节与栽培模式见表4-1。

表4-1 大葱常见茬口的栽培季节与栽培模式

茬口	栽培方式	播种期	定植期	收获期	产品形态
冬储大葱栽培	宽行大沟深培土	9月中下旬或第二年3月中下旬	5~6月	10月下旬~11月初	干葱
大葱秋延迟栽培	窄行小沟浅培土	5月中下旬	8月上旬	11~12月	干葱
大葱越冬栽培	窄行小沟浅培土	10月底	1月底保护地定植	4~5月	青葱
大葱越夏栽培	窄行小沟浅培土	1月底~2月上中旬	4月下旬	7月中下旬~8月初	青葱
露地小葱栽培	平畦育苗	—	—	—	小葱

大葱茬口在栽培上属于“辣茬”，为好茬口，因此生产上宜与其他作物轮作复种。此外，大葱性喜阴凉，与经济作物间作、套作也可取得良好的经济效益。各地生产实践中主要的高效栽培模式有：麦茬复种大葱模式；春马铃薯复种大葱模式；地膜早熟洋芋复种大葱模式；早春甘蓝复种大葱模式；青花菜复种大葱模式；保护地生姜、大葱轮作模式及玉米、幼龄果园－大葱间作模式；大葱－小麦套作模式、大葱－大白菜套作模式等，生产中可根据本地实际和生产习惯选择适宜的高效栽培模式。

第二节　不同类型大葱的露地栽培技术

一　冬储大葱栽培技术要点

冬葱栽培周期较长，于秋天露地播种，苗龄长达270～300天，从定植到成熟需120～140天，季节性明显，产量较高。

春播促成栽培苗龄一般90～120天，从定植到收获需130～150天，干葱产量一般不低于秋播，因此可明显缩短生育周期，减少苗圃土地占用时间，其经济效益良好。

1. 栽培季节和茬口安排

我国北方地区大葱秋播播种时间一般在9月底～10月初，第二年6～7月定植，10月后进入收获期。北方大葱产区秋播大葱的栽培季节可参考表4-2。

表4-2　我国北方大葱产区秋播大葱的栽培季节

地区	播种期	定植期	收获期
北京	9月中旬	5～6月	10月下旬
石家庄	9月中旬	6月上中旬	10月下旬
济南	9月下旬	6月下旬～7月上旬	11月上旬
郑州	9月中下旬或3月中旬	6月上旬～7月下旬	10月上旬～11月中旬
西安	9月中下旬或3月中旬	6月下旬～7月上旬	10月中下旬
太原	9月下旬	6月下旬～7月上旬	10月中下旬

（续）

地区	播种期	定植期	收获期
沈阳	9月上旬	5月上旬~6月中旬	10月中旬
长春	8月下旬~9月上旬	6月上中旬	10月中旬
哈尔滨	9月中旬	6月上旬	10月中旬
乌鲁木齐	8月下旬~9月上旬	6月中旬	10月下旬
呼和浩特	9月上旬	6月中旬	10月上旬

春播栽培播种时间一般为3月底~4月初，6~7月定植，11月初进入收获期。

【注意】 秋播大葱时间不宜过早，若播种过早，第二年早春易先期抽薹；也不宜过晚，过晚则苗小、苗弱，不易越冬。春播大葱时间不宜延迟，晚播易导致减产。

露地或保护地栽培大葱均宜与小麦等粮食作物或非葱蒜类蔬菜轮作或间作，忌连作重茬。

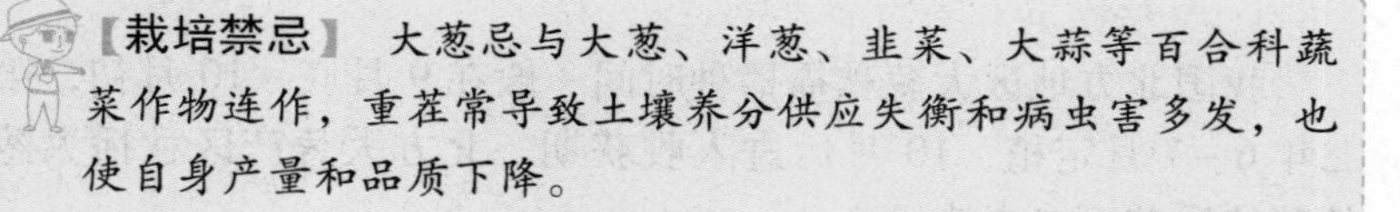

【栽培禁忌】 大葱忌与大葱、洋葱、韭菜、大蒜等百合科蔬菜作物连作，重茬常导致土壤养分供应失衡和病虫害多发，也使自身产量和品质下降。

2. 秋播大葱栽培技术

（1）品种选择 大葱种植品种的选择应以当地市场需求为导向，选择与当地生态型相适应的优良品种。

1）如果以鲜食为主要利用方式，则应选择假茎比和含糖量高而香辛油含量低的长白大葱，代表品种有章丘大葱、二生子、中华巨葱等，如图4-3所示。

2）以熟食或以提取香辛油等加工为目的时，则应选择干物质含量和香辛油含量较高，且油糖比兼顾的品种，如鸡腿葱、日本大葱等。

图 4-3 章丘大葱

（2）培育壮苗

1）种植地块选择。大葱苗床或定植田均宜选择地势平坦、耕层深厚、土质疏松肥沃、易于排灌的地块，茬口以选择 3 年内未种植过葱蒜类作物的地块为佳。

【栽培禁忌】 大葱育苗以富含有机质的沙壤土质为佳；在过黏土质或沙土地种植，易出现大葱质地松软、外观颜色较差、产量低等生产问题。

2）整地、施肥和作畦。大葱育苗可采用平畦栽培。作畦前结合旋耕土地，每亩普施充分腐熟的农家肥 3000 ~ 4000kg、复合肥 30 ~ 50kg 或颗粒有机肥 150 ~ 200kg、尿素或磷酸二铵 10 ~ 15kg、硫酸钾 5 ~ 10kg。

耕后充分耙细、耧平，做成平畦，一般畦宽 1 ~ 1.2m，畦埂宽 25cm、高 10cm，踏实。长度应根据实际地形确定，如图 4-4 所示。

图 4-4 作畦

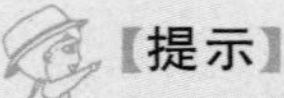

【提示】

① 苗床面积与大田栽培面积比例一般为1:(8～10)。

② 大葱苗床作畦，畦面以中间较高、两边较低、呈龟背形为宜，以免阴雨天积水，引发猝倒病害。

③ 可结合整地施用多菌灵可湿性粉剂及辛硫磷颗粒剂对苗床进行消毒和杀灭地下害虫。

3）种子处理。大葱播前的种子处理主要包括晒种、浸种、消毒和催芽。

① 晒种。播种前将精选过的种子摊放于木板或纸板上，在阳光下暴晒1天左右，期间每隔2h翻动1次，使其晾晒均匀。

【栽培禁忌】 在冰柜或种子库低温保存的种子必须在播前晾晒，否则会因种子活力低下导致出苗不齐或不出苗。

② 播前做发芽率试验。合格种子的发芽势（5天）≥50%，发芽率（12天）≥85%，纯度和净度均大于95%。

【提示】 大葱播种最好采用当年新采的种子，常温保存经过暑期的种子活力和发芽率会大大下降。因此，春播或第二年用的葱种应密封于冰箱冷冻或在低温环境保存。

③ 用种量。每亩苗床的播种量为3～4kg，发芽率较高、稀播不间苗的苗床每亩可播1.5～2.5kg。

④ 种子消毒。

a. 温汤浸种。将选好晒过的种子，放入65℃左右的温水中，水量为种子体积的5～6倍，期间搅拌并维持55℃水温15～20min。当水温降至25～30℃时停止搅拌，清除秕子和杂质，然后在室温下浸种3～5h，捞出稍晾干后催芽。

【提示】 大葱温汤浸种不仅可起到对种子表面灭菌的作用，还可促使种子提前1～2天出苗。

b. 干热处理。将干燥的大葱种子（含水量6%左右）放入70℃恒温箱或烘箱72h，可有效杀灭种子内外的病菌和病毒。

c. 药剂消毒。常用大葱种子消毒方法见表4-3。

表4-3 常用大葱种子消毒方法

药剂	时间/min	灭菌名称
2%～3%漂白粉溶液浸种	30	种子表面多种细菌
0.2%高锰酸钾溶液浸种	20	
40%甲醛100倍液浸种	20	炭疽病、猝倒病
97%噁霉灵可湿性粉剂3000倍液、72.2%霜霉威水剂800倍液等浸种	30	猝倒病、疫病
10%磷酸三钠溶液浸种	20	病毒病

【注意】 药剂消毒应严格把握消毒时间，结束后立即用清水将种子冲洗数遍。

⑤ 催芽。大葱可采用干籽播种，但播期遇低温、阴雨等恶劣天气或为促苗早发均可采用浸种催芽方法。

a. 催芽前浸种。一般常温下浸种以6～8h为宜，采用温汤浸种时可减至2～4h。

b. 催芽温度和时间。大葱适宜的催芽温度为15～20℃，所需时间为2～3天，待70%左右的种子露白时即可停止催芽，进行播种。

c. 催芽方法。把浸种后稍晾干的种子用湿棉布（纱）或湿毛巾包好，放于隔湿塑料薄膜上，上覆保温材料保温。有条件时也可将湿布包好的种子放于恒温箱内进行催芽。箱内温度设定为20℃左右，相对湿度保持在90%以上。每4h翻动1次，直至种

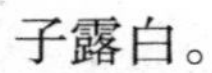

子露白。

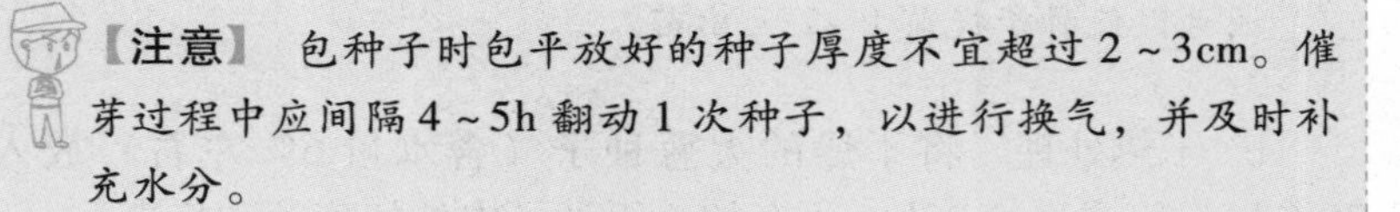

【注意】 包种子时包平放好的种子厚度不宜超过 2～3cm。催芽过程中应间隔 4～5h 翻动 1 次种子，以进行换气，并及时补充水分。

4）播种。根据本地区的气候特点、市场需求和生产条件确定播种时期和方法。

① 播种时期。北方大葱秋播播期多在秋分前后，各地由北向南可适当推迟。以日平均气温 16～17℃，葱苗冬前生长期 90 天，有效积温 620℃左右为宜。

【提示】 大葱秋播苗期较长，占地时间较长，土地利用率低，因此除为早春定植提供种苗外，一般生产上不提倡秋播。

② 播种方法。大葱的播种方法包括撒播和条播两种。不论是撒播还是条播均可先浇水后播种（湿播法）或者先播种后浇水（干播法），秋播大葱地温较高，湿播法和干播法均可。

a. 撒播法。在平畦内均匀取土 1～2cm，过筛后置于邻畦。为使播种均匀一致，可将种子按照 1∶5 的比例掺入细沙，混匀。然后在平畦内浇透水，当水渗干后均匀撒种于整个畦面，取邻畦过筛土全畦覆土 1. 5cm（图 4-5）。

筛覆盖土

撒种

覆土

图 4-5　撒播法

b. 条播法。在畦面内用沟齿划沟，沟深1.5～2.0cm，沟距10cm左右，以锄头方便除草为宜。然后在沟中均匀撒入种子，用耧耙耧平后浇透水（图4-6）。

【提示】

① 播种时如果平畦内墒情好时可不必浇底水，但撒播覆土后应及时镇压接墒。

② 在秋季干旱地区提倡播种后畦面覆盖地膜，以增温保墒并防止雨水直接冲刷畦面“翻籽”，可促使早出苗（图4-7）。种子萌芽出土后及时于傍晚时间揭膜。

划沟

撒种

覆土

图4-6 条播法

5）苗床管理技术。

① 前期苗床管理技术要点。

a. 前期苗床肥水管理。播种后应保持畦面湿润，出苗前如果畦面出现干裂应及时浇小水1次。秋播一般7天左右即可出土，称为“立鼻直钩”（图4-8）。出苗后应适当控制肥水，以防葱苗徒长而在开春先期抽薹。

图4-7 苗床地膜覆盖

管理上，越冬前一般不再追肥，待幼苗长至5cm左右后根据墒情浇小水2～3

次。立冬前在幼苗停止生长时浇“封冻水”1次，苗床覆盖1～2cm厚的草木灰、厩肥或设置风障，助苗防寒越冬。

b. 间苗、除草和中耕保墒。秋播大葱越冬前苗床无须间苗。越冬前苗床出草较少，撒播的畦面可用手拔除或小锄刀割除草。条播的畦面，可在浇水或雨后及时进行间苗、中耕除草，以保墒防地面板结。

图4-8　大葱出苗（不同播种方式）

【栽培禁忌】

① 大葱苗床播种后不应采用除草剂除草，以免产生药害。

② 韭菜田用的除草剂不可直接用于葱田，须试验安全后方可应用。

③ 在大葱苗床用除草剂除草时，可在播前采用33%二甲戊灵乳油100～150mL，兑水15～20L，播前进行土壤处理，不可播后喷施。

【提示】　秋播大葱越冬前壮苗标准：苗龄2叶1心，植株高10cm，假茎粗0.4cm，叶色深绿，根系发白，壮而不旺，无病害斑。

② 中期苗床管理技术要点。

a. 中期苗床肥水管理。越冬后2月底～3月初葱苗进入返青期，应适时浇返青水1次，结合灌水每亩冲施尿素或磷酸二铵10～15kg。

3～4 月还应根据墒情和苗情，对苗床及时追施肥水 1～2 次，肥料以速效氮肥、复合肥或复合微生物菌肥交替施用为佳，用量一般为 10～15kg/亩。

b. 间苗、除草和划锄。此期应及时间苗，疏杂苗、弱苗、病苗，一般进行 2 次间苗。第一次在返青后进行，撒播床保持苗距 2～4cm。第二次在苗高 18～20cm 时进行，保持苗距 4～7cm，每亩留苗 12 万株左右。每次浇水后及时划锄，以防除杂草。

③ 后期苗床管理技术要点。

a. 后期苗床肥水管理。进入 5 月至定植前是培育壮苗的关键时期。应结合浇水，每亩施尿素或复合肥 15～20kg。并可叶面喷施 0.2% 磷酸二氢钾溶液或叶面微肥 2～3 次。定植前 10～15 天控制水肥进行蹲苗。定植前浇小水 1 次，以利于起苗。

b. 病虫害防治。5～6 月是霜霉病及蓟马、蝼蛄和葱蝇等病虫为害盛期，应及时防治。具体方法可参考大葱病虫害防治一章。

【提示】 大葱定植前壮苗标准：苗高 40～50cm，假茎长 25cm 左右，茎粗 0.7～1.0cm，单株重 30～40g，功能叶 5～6 片，叶色深绿，根系健壮，无病害，具备本品种的典型特征。

（3）茬口安排 大葱连作易引发土传病虫害，形成连作障碍造成减产，因此大葱应与非葱蒜类蔬菜轮作 2～3 年。一般可与麦类作物、马铃薯、豌豆、春甘蓝等换茬轮作，以减少病害发生。

定植地块应选择地面平整，土层深厚，质地疏松，肥力中等，供排水便利的沙壤土地块。

（4）整地施肥 前茬收获后及时深翻晒土，杀灭病菌。结合整地每亩普施农家肥 4000～5000kg 或稻壳鸡粪 3000kg，合墒后开沟，沟宽 15～30cm、深 20～30cm。章丘大葱的假茎较长，因此以沟深 40～50cm、宽 30～40cm 为宜。

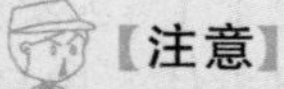

【注意】

① 大葱的定植行距因品种类型差异而不同，适宜的行距标准约为假茎长度的1.5倍。一般长白大葱行距70～90cm，短白大葱行距50～60cm。

② 开沟时宜一边垂直，以免葱苗长弯。

结合开沟每亩集中沟施有机肥或饼肥50～100kg和三元复合肥10～15kg或尿素10～15kg、过磷酸钙30～50kg、硫酸钾10～15kg。然后深刨沟底，使肥土均匀。

【注意】 在测土配方的基础上根据其施肥规律施肥。一般每生产5000kg鲜葱需要纯氮40kg、五氧化二磷6kg、氧化钾25kg，氮、磷、钾的适宜比例为6.6∶1∶4.2。

1）播种适期。冬储大葱的定植时间一般为6月中下旬～7月上旬，即芒种至小暑之间，在此范围内定植时间宜早不宜迟，原则上应能保证定植后有130天左右的生长时间。茬口适宜时，早葱定植时间也可提前至5月下旬或6月上旬。

2）葱苗处理。

① 起苗。起苗应根据苗床墒情而定。如果苗床干旱不利于起苗，则可于定植前1～2天浇小水1次，待干湿度适宜时再行起苗。起苗时用手握住葱根部或者不浇水用铁锨、叉子起苗均可。起苗过程应注意防止伤根、拔断等问题，抖掉根上泥土，然后摘除枯叶，剔除伤残、病虫及不符合本品种特征的植株，最后成把顺序摆放。

② 分级。苗床葱苗一般会出现葱苗大小不一的现象，大小苗混合定植不利于田间管理。应按照葱苗大小分成大、中、小3级（图4-9）。葱苗数量充裕时，一般只选用一、二级苗。

图 4-9　葱苗分级

【注意】 出圃幼苗按等级捆扎，运输过程适当遮盖，避免强光暴晒。当天未定植完的幼苗应根朝下，置阴凉处存放，不可堆垛，以免夜间呼吸放热而烂苗。

③ 切叶定植。大葱切叶定植可减少葱叶蒸腾作用，加快缓苗速度，提高产量。具体方法是：拔出葱苗后，将根部对齐整齐捆扎，然后用刀切去上部叶片，保留假茎和 10cm 左右葱叶，切叶后应立即定植。

④ 药剂处理。定植前结合定植沟中施肥，每亩施入 5% 毒·辛硫磷颗粒剂 3～4kg 或用乐斯本乳油 200g 和磷酸二氢钾 200g，兑水 20L 蘸根以预防葱蝇等地下害虫。

3）定植密度。大葱定植的合理密度应根据品种特征、土壤肥力、葱苗大小及定植时间早晚决定，一般定植株距 4～7cm。定植密度须把握的基本原则为：一般长白大葱每亩株数以 16000～20000 株为宜，短白大葱以 20000～30000 株为宜。定植较早或选用大苗的可适当稀植，定植晚或选用小苗的应适当密植。

4）定植方法。将分级的葱捆逐段摆放于垄上，同一级别幼苗种植在同一地段。定植方法可分为插栽法和摆栽法两种。

① 插栽法。插栽法又分干插法和湿插法两种（图 4-10）。

a. 湿插法。先在葱沟灌水，待水下渗后，以沟底中线为准单行插葱。左手拿葱苗将根须按株距放于沟底，右手用葱叉抵住葱须根插入土中，再微微向上提起，使须根下展，保持葱苗挺直。插后保留插孔以利于通气。插完后在葱苗两侧培土，踩紧即可。此法的优点是定植速度快，大葱直立性好。需注意在定植前要将定植沟土刨松，以利于插苗。

b. 干插法。就是先插葱后灌水的方法。

【提示】 葱叉可因陋就简，用5cm宽的竹片或直径1.5cm的树枝、木棍、铁棍等制成，如图4-10所示。

图4-10 插栽法（湿插法和干插法）及简易工具

② 摆栽法。将葱植株按株距摆放于定植沟壁一侧，垄向为南北方向的摆在西侧壁，垄向为东西方向的摆放于南侧壁，以减轻

日光暴晒。摆放完1沟后，立即用锄头取沟底土埋住根部，厚为7~10cm。随后灌稳苗水或定植水，水流宜缓，以免冲倒葱苗，水渗透后稍覆土保墒。如图4-11所示。

摆栽法的优点是定植速度快，缓苗快，但生产的大葱假茎基部易弯曲，从而影响其商品性。

图4-11 摆栽法

【注意】 为便于密植、植株透光和田间管理，定植时葱叶扇面应与垄向垂直或呈45°角。

不论采取哪种栽葱方法，定植深度以7~10cm，覆土不埋住葱心为宜。定植过深不利于发根和发苗，重则植株死亡。定植过浅则栽后易倒伏，不便于培土。当植株高度不一致时应把握上齐下不齐的原则。

定植后3~5天，根据实际墒情再浇1次缓苗水，之后中耕蹲苗。

(5) 田间管理 冬储大葱的主要收获和利用器官是假茎，因此大葱定植后田间管理的重点是促进假茎生长。主要的技术管理措施是加强肥水管理，促根、壮棵和培土软化，为假茎产量和品质的形成创造适宜的环境条件。不同生育阶段的管理措施如下。

1）缓苗期。大葱定植后近1个月的时间为缓苗期。葱苗定植后原有须根逐渐腐烂，4~5天后开始萌发新根，新根萌发后心叶开始生长，但此期恰处夏季高温、高湿季节，大葱生长较为缓慢，处于半休眠状态。

【提示】缓苗期的管理重点是促根，提高土壤通透性，合理水分运筹，防止烂根、黄叶和死苗。可在插栽时在植株周围留1个孔眼，以利通风透气。

具体管理措施为：此期如果天气不太干旱一般不进行浇水和施肥。必要时在定植半个月后浇小水1次，以促发新根。雨后及时排除田间积水，以免造成根系供氧不足，发生沤根、叶片干尖黄化或死苗现象。加强中耕除草，每次浇水或雨后均应及时锄松垄沟，防止土壤板结，增强土壤保墒和通气性。缓苗后结合中耕进行少量覆土。

2）发叶期。此期大体时间为8月初～8月下旬（立秋至白露）。立秋后随着气温下降，昼夜温差加大，根系基本恢复正常功能，进入发叶盛期，植株对水肥需求增加。但此期气温偏高，大葱生长仍然缓慢，水肥管理上应把握浇小水和早晚浇水的原则。

【提示】发叶期的管理重点是加强水肥管理和病虫害防治，促进叶片功能提升，开始培土围葱，为假茎高产打下基础。

具体管理措施如下：

① 土肥水管理。可根据苗情，结合浇水和培土分别于立秋和处暑后进行追肥。8月上旬假茎进入开始生长期后进行第一次追肥，可于垄沟、垄背撒施颗粒有机肥50～100kg/亩、硫酸铵或尿素10～15kg/亩、硫酸钾5kg/亩或三元复合肥20kg/亩。然后进行浅除中耕，并浇水1次。随后在土壤水分适宜时进行培土1次。8月下旬，天气晴朗，光照充足，华北地区气温在20～25℃，葱苗进入管状叶盛长期，生产上应以追施速效肥为主。可在垄沟撒施尿素10～15kg/亩、硫酸钾15～20kg/亩。追肥后浇水1～2次。

随后在垄背墒情适宜时放大锄中耕，破垄平沟围葱棵。

② 浇水依据。此期浇水应根据田间气温变化、土壤墒情、降水情况、苗子长势等因素综合决定浇水适期和浇水量。其中根据苗情判断大葱缺水症状为：叶色深绿发暗，叶面蜡粉增厚，午间叶片萎蔫、下垂。判断大葱是否阶段性缺水，可根据心叶与最长叶片的长度差判断，长度差15cm左右为水分适宜，超过20cm则应及时浇水。

③ 病虫害防治。发叶期是甜菜夜蛾、蓟马、葱蝇以及霜霉病、紫斑病、灰霉病、软腐病等病虫害的高发期，应及时采取多种措施进行防治，具体方法可参考大葱病虫害防治一章。

3）生长盛期。9月初~10月中下旬（白露至霜降）气温逐渐降至24℃以下，大葱开始旺盛生长，并进入假茎形成期，此期是水肥管理的关键期。因此，此期应及时追肥，氮磷钾配合施用，以速效肥为主。浇水坚持勤浇，浇大水原则，经常保持土壤湿润。

【提示】 生长盛期的管理重点是水肥齐攻和多次培土，促进假茎膨大和假茎软化，同时加强病虫害防治，争取丰产优质和高效的生产目标。

具体的土肥水管理措施为：9月上旬华北地区气温降至20~22℃，是假茎生长盛期，白露左右应及时追肥（数量同8月下旬），肥量为尿素10~15kg/亩、硫酸钾10~15kg/亩、过磷酸钙20kg/亩或三元复合肥30~50kg/亩。追肥后用大镢培土埋肥，深度以不埋住葱心为宜。这样使垄背变垄沟，并随后在沟内浇水1次。

9月下旬气温降至16~20℃，是假茎显著膨大期，也是水肥需求高峰期。秋分前后应根据假茎长度进行培土1次，并在垄沟内施用尿素15~20kg/亩、磷酸二铵15~20kg/亩、硫酸钾10~15kg/亩或三元复合肥30~50kg/亩。结合中耕覆盖肥料后，浇水1次。

【注意】 大葱追肥在突出氮肥的基础上应注意氮磷钾平衡施肥方能获得高产。可根据植株田间长相进行营养诊断：氮素不足，葱叶呈黄绿色或黄色，叶片较小，植株矮小；磷素不足，植株根系发育不良，植株矮小；钾素不足，光合作用下降，不抗倒伏，抗病虫害能力下降。

10月初（寒露前后）气温降至15℃左右，昼夜温差继续加大，叶面积指数达到最高值，叶片内同化物向假茎转运加快，此期管理的重点是浇水，每隔6～7天浇水1次，要求浇足、浇透，保持土壤见湿不见干。并根据大葱长势情况，于10月中旬左右进行第四次培土。

【提示】 此期判断葱水分充足的长相是叶色深绿，表层蜡质增厚，管状叶内充满黏液，假茎发白而有光泽，叶片遭严霜不垂萎。

此期浇水较多，保持土壤透气良好对于根系和假茎发育非常重要，因此应在浇水或雨后及时中耕，拔除杂草，防止土壤板结。另外，大葱生长期是紫斑病、灰霉病以及蓟马等病虫害的多发期，生产上应注意及时防治。

4）假茎充实期。霜降前后天气转凉，叶片生长缓慢，进入假茎充实期。此期应小水勤浇，不可缺水，一旦田间缺水，则叶身松软，假茎质软空洞，产量和品质下降。

5）培土。培土是冬储大葱软化栽培的一项重要技术措施，主要起软化假茎，增加其紧实度，防止倒伏的作用。在整个大葱生育期内，一般进行4～5次培土，每隔半月培土1次。

【提示】 培土假茎软化技术的原理是葱的假茎由叶鞘环抱而成，而叶鞘的生长延长需要湿润、黑暗的环境条件，培土越深则假茎越长，组织越充实。

一般从立秋后开始进行第一次培土，以后在处暑、白露、秋分和寒露分别培土 1 次。每次培土厚度以培至最上部叶片的出叶孔处为宜，不可埋住葱心叶。培土过程为：第一次培土深度约为葱沟的一半；第二次培土与地面持平；第三次培土成浅垄；第四次培土成高垄（图 4-12、图 4-13）。

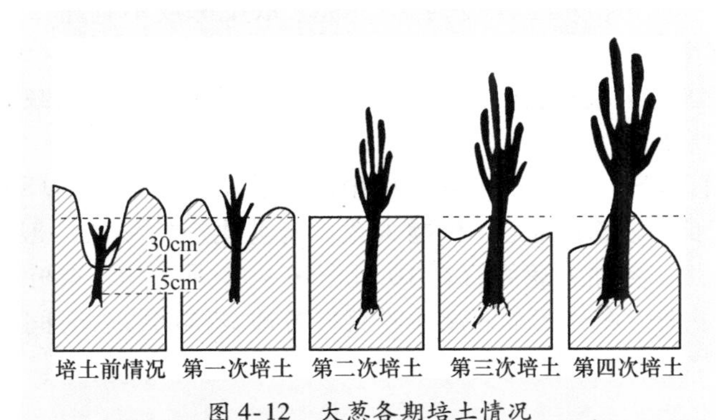

图 4-12　大葱各期培土情况

图 4-13　大葱培土

培土需注意的问题如下：

① 初期培土可结合中耕除草，进行少量培土，以后逐渐将垄土培于定植沟内。

② 培土宜在下午进行，在早晨露水较大时，葱叶脆而易折，

易引发叶片腐烂或病害传播。

③ 培土不宜过早、过深，尤其高温、高湿季节不宜培土，以免引发根茎腐烂。

④ 培土一般应在施肥、浇水后进行，把握前松后紧的原则，即生长前期培土勿过紧实，以免假茎上粗下细，影响品质。

⑤ 一般每次培土深度为3～4cm，取土深度不宜超过沟深的1/2，宽度不超过行距的1/3，以免伤根。

⑥ 培土次数和高度因品种而异，短假茎品种应适当减少培土次数和高度。

（6）收获 大葱的收获期应根据各栽培地区的气候环境、栽培茬次和市场需求确定。秋播大葱以鲜葱供应市场的一般在8～10月收获，冬储大葱则宜在10月中旬～11月上旬，待叶片见霜后变薄下垂，养分基本回流后收获。各地具体的收获时间存在差异，应参考当地生产习惯。

【提示】 大葱应适时收获。若早收，则假茎尚未充分膨大，假茎紧实度降低，不耐储存；若晚收，则假茎易失水变松软，遭冻害后易引发腐烂。

收获时不可直接用手拔葱，可将土刨松，用手轻拔大葱，抖掉根系泥土。立冬前收获大葱不宜在早晨有霜冻时进行，应在太阳升起缓冻后进行。

收获后，将大葱平摊在地面适当晾晒，捆扎好后置于冷凉处储存，在冬春供应市场。

二 春播冬储大葱促成栽培技术要点

春播冬储大葱是指大葱在春季借助设施提前播种，夏季定植，秋冬供应市场的栽培茬口。由于苗龄较短，一般为90～120天，定植期相对延后，因此产量一般较秋播大葱低。但春季播种大葱发苗快，育苗时间短，无先期抽薹的问题，采取以小拱棚、地膜覆盖等设施促早播、促苗早发以及田间加强水肥管理等以促为主的栽培方法，产量基本和秋播大致相同，并可以有效增加复种指数，提高土地利用率。栽培要点如下。

1. 茬口安排

华北地区春播育苗一般在 3 月中旬，播后覆盖农膜，有条件的地区扣小拱棚或大拱棚。6 月中下旬定植，10 月底 ~ 11 月初以鲜葱或冬葱供应市场。

【提示】 大葱春播育苗一般在当地土壤夜冻日消，地面化冻 15cm 时播种为宜。大拱棚或日光温室环境下，可适当提前早播，早播有助于培育大苗，增加产量。

2. 小拱棚、农膜双膜覆盖育苗的注意问题

（1）设施育苗 提倡小拱棚、农膜双膜覆盖育苗，可比露地育苗提前 20 ~ 30 天出圃。基本方法为：整畦、喷洒除草剂和播种后进行地膜覆盖，之后在畦面上搭建小拱棚。大葱育苗小拱棚的棚架为半圆形，高度为 0.3 ~ 0.5m，宽度和长度因畦而定。骨架用细竹竿按棚的宽度将两头插入地下形成圆拱，拱杆间距 30cm 左右。全部拱杆插完后，绑 3 ~ 4 道横拉杆，使骨架成为一个牢固的整体（图 4-14）。覆盖薄膜后可在棚顶中央留一条放风口，采用扒缝放风。为了加强防寒保温，棚的北面可加设风障，棚面上于夜间再加盖草苫。

图 4-14 塑料小拱棚

出苗后及时清除农膜，以免覆盖空间太小、湿度过大引发猝倒病等苗期病害。随气温回升应将小拱棚扒缝放风进行降温、降湿。早期温度较低，放风可先从一头进行，然后逐渐两头放风和两侧扒缝放风。待室外温度稳定在10℃以上时，可将棚膜全部卷至棚顶或拉至一侧（不必撤膜），待降雨时用膜遮盖防雨可大大减轻苗期病害的发生。

（2）苗床除草 大葱春播苗圃草害多发，很难拔除，因此应在整畦后及时喷洒除草剂除草。具体方法：播前采用33%二甲戊灵乳油100～150mL，兑水15～20L，播前进行土壤处理，不可播后喷施。

（3）浸种催芽 为进一步提前出苗，春播大葱播种提倡浸种催芽和撒播方法。

（4）水肥管理 在浇足播种水和施足基肥的基础上，根据苗床实际墒情在即将出苗时浇蒙头水1次或在子叶直钩前浇小水1次，防止畦面板结延迟出苗时间。幼苗生长前期应尽量减少浇水次数，不必追肥，以利地温回升，促根系发育，防苗徒长或沤根。随气温回升和葱苗生长加快可增加浇水次数和浇水量。同时结合浇水追施速效氮肥，配施磷钾肥促苗，具体可参考秋播大葱苗床的春季管理。

（5）苗床防虫 春播大葱苗期4～6月恰逢蝼蛄等地下害虫为害盛期，可先将麦麸、米糠、豆饼等炒香，按照0.5%～1%的比例拌入用水溶解或稀释的90%晶体敌百虫、50%辛硫磷乳油等药剂制成毒饵，于苗床或田间每平方米撒施2.25～3.75g进行毒杀，效果很好。5～6月是霜霉病及蓟马、斑潜蝇、葱蝇等害虫为害盛期，应及时防治。详细可参考大葱病虫害综合防治一章。

3. 田间管理

（1）定植适期 双膜覆盖春播大葱定植期一般在6月中下旬，与秋播大葱相差不大。

（2）收获期 春播苗定植大葱以鲜葱供应市场的一般在10月上旬左右收获，以冬储大葱供应市场的以11月上旬收获为宜。

(3) 其他田间管理措施 参照秋播大葱。

第三节 大葱抗重茬栽培技术

大葱为不耐连作作物，生产上在同一地块常年种植大葱易引发连作障碍，即所谓的重茬病害。大葱重茬病害是由病原菌、土壤理化性质改变和养分供应失衡及有害毒素的产生等多种因素引发的土传病害，生产上具有一定的克服难度。重茬病田间发病率一般在10%~30%，植株枯死，造成缺苗断垄，严重者可造成绝产，是一种毁灭性病害，处理不当则严重影响大葱的产量和品质，是大葱周年生产的重要制约因素。

一 大葱重茬病害的产生原因

(1) 病原微生物传播和积累 多年连续种植大葱可导致侵害大葱的病原菌积累增多，病原菌抗药性增强。

(2) 微量元素缺乏 由于作物吸收具有选择性，土壤中同类营养元素消耗较多，导致营养失衡或不足。

(3) 土壤结构改变 大量施用化学肥料，忽视有机肥和微肥的搭配，造成土壤板结，土壤酸化、盐渍化加重，改变了土壤的理化性状。

(4) 作物自毒作用 前茬作物的残体、根系（包括大葱的根、叶等）在腐烂分解过程中会产生一些毒素，如有机酸、醛、醇、烃类，对下茬作物有明显的抑制作用，影响作物自身生长。

二 大葱重茬综合防控技术

1. 农业措施

(1) 轮作换茬 大葱忌连作，一般以间隔3~4年种植为宜。因此，大葱最好与禾本科作物或甘蓝、芹菜等非百合科蔬菜轮作，亦可与深根系根菜类、茄果类、豆类、瓜类（黄瓜除外）等作物轮作。

(2) 适当深耕 深耕宜打破犁地层，耕深25cm以上。生产上宜冬前深耕，若结合进行冬灌效果更好。

（3）配方施肥 在测土基础上根据大葱的养分需求规律合理配方施肥。

（4）增施有机肥 有机肥肥效缓慢，但养分全面，大葱生产上提倡重施有机肥。一般地力可每亩施优质圈肥5000kg、鸡粪500kg（鸡粪须用辛硫磷喷拌，农膜覆盖堆放7天）或实行小麦、玉米等作物秸秆还田。秸秆还田可以有效改善土壤理化性状，减缓土壤次生盐渍化，增加土壤保肥蓄水能力，还能起到强化微生物相克的作用，对防治和抑制有害菌效果很好。

（5）选用抗性品种 在重重茬地块可以试验引进或选种不同类型的主栽品种，以避免种植单一品种造成的生态脆弱性。

2. 种苗处理

（1）甲醛浸种 40%甲醛100倍液浸种20min，清水洗净，晾晒备播，可防治大葱猝倒病、炭疽病。

（2）高锰酸钾浸种 高锰酸钾500倍液浸种20min，清水洗净，晾晒备播，可防治多种病菌。

（3）幼苗蘸根 葱苗定植前用30%噁霉灵600~800倍液蘸根。

3. 选用抗重茬剂

大葱田常用抗重茬剂有重茬1号、重茬EB、重茬灵、抗击重茬、CM亿安神力、泰宝抗茬宁及“沃益多”生物菌剂等。部分抗重茬剂用法见表4-4。

表4-4 大葱常用抗重茬剂作用特点与施用技术

名称	剂型	作用特点	施用方法
重茬1号	微生物菌剂，集氮、磷、钾、微量元素活化为一体	抑制病菌，抗病害；活化养分，营养全面；疏松土壤，改善土壤环境；促根壮苗，提质增产	①拌种：种子清水浸湿，捞出控干后，将药剂撒在种子上拌匀，阴干后播种。②药剂拌土或拌肥均匀撒于种子沟或全田撒施。③灌根：药剂用水稀释后，喷雾器去喷嘴灌根或随水冲施

（续）

名　　称	剂　　型	作用特点	施用方法
重茬 EB	纯生物制剂	含多种有益微生物，可疏松土壤，活化养分；抑制有害病菌抗重茬，提高作物免疫力，使大葱少发或不发重茬病	每亩用2kg与细土拌匀后撒施
重茬灵	生物叶面肥	内含多种有益活性菌群、脂类、糖类、抗生素及植物生长促进物质，兼有营养、抗病双重功效，一般增产30%	每亩用100mL兑水稀释成800～1000倍液叶面喷施，每7～15天喷1次，共喷2～4次。喷雾要均匀，以叶面有水滴为度
“沃益多”生物菌剂	纯生物制剂	产生多种活性酶类，可作用于根系刺激根系分泌抗生素等大量代谢物和次生代谢物；可有效干扰根结线虫、真菌和细菌等土传病虫害的正常代谢；调节土壤pH趋中性；有利于土壤团粒结构形成和植物自身抗病机制增强	施用前，加沃益营养液激活3天，用水稀释至30kg，加适量甲壳素诱导。大葱定植缓苗后或越夏期间，随水冲施或喷雾器去喷嘴灌根
抗击重茬	含微量元素型多功能微生物菌剂	活化土壤，改良品质；抑菌灭菌，解毒促生；平衡施肥，提高肥效；增强抗逆，助长促产	可作种肥或追肥，每亩用量1～2kg
泰宝抗茬宁	生物制剂	可杀菌抑菌，提高肥料利用率，调节土壤pH值，疏松土壤防板结，促进根系发育等	可用0.25%药剂拌种、50∶1土药混拌撒施或药剂500倍液灌根或冲施
CM 亿安神力	复合微生物制剂	可改善土壤理化性质，抑菌杀虫，提高作物光合作用等	①蘸根、浸种：用100mL亿安神力菌液加水3kg（30倍稀释）逐株蘸根，即蘸即栽。葱种浸种2～8h。②药剂500液灌根

第四节　春马铃薯-大葱-小麦轮（套）作高效栽培范例

大葱根系分泌物所产生的化感作用对其他蔬菜的部分土传病害具有较好的抑制效果，且具有一定的耐阴性，因此大葱宜与其他蔬菜或作物轮作、套作或间作，从而达到提高复种指数，增加产出效益的高效生产目的。目前，华北地区春马铃薯-大葱-小麦轮（套）作高效栽培模式在生产上应用效果良好，推广应用面积较大。其基本模式为：3 月下旬～4 月上旬早春地膜覆盖栽培早熟马铃薯，生育期约为 60 天，6 月中下旬马铃薯收获后定植大葱，10 月上中旬大葱行间套作小麦。此栽培模式可兼顾粮菜生产，实现一年三作、两熟，亩纯收入过万元，经济效益显著。

1. 适宜地区

本模式适宜于地势平坦、土壤疏松、地力肥沃、排灌方便的地方生产。

2. 种植规格

马铃薯采用高低垄种植，垄宽 70cm，垄高 25cm，垄距 60cm，株距 30cm，留苗 4000 株/亩左右。大葱行距 90cm，株距 5cm，定植密度 1.8 万株/亩左右。

3. 茬口安排

3 月中下旬播种马铃薯，6 月上中旬收获。大葱于上一年 9 月后秋播育苗或当年 3 月春播育苗，在马铃薯收获后定植大葱，11 月上旬收获上市。小麦于 10 月初在大葱定植行内播种套作。

4. 经济效益分析

地膜覆盖马铃薯产量约为 2500kg/亩，产值 3000 元/亩；大葱亩产量 4000kg，产值 8000 元/亩。外加一季套作小麦产值，此栽培模式的经济效益极为可观。

5. 马铃薯栽培技术要点

(1) 精选良种　选择抗病力强、丰产性好、休眠期短、结薯早的品种，如费乌瑞它、东农 303、早大白等。播前 30～40 天种薯出窖，选择薯块规整符合品种特征，薯皮光滑、颜色鲜艳、大小适中的薯块作种薯，剔除畸形、尖头、芽眼坏死、有病斑、脐部腐烂的薯块。

（2）种薯处理 晒种、困种和切芽：出窖后将种薯放在10～15℃有散射光的条件下10～15天，当芽眼萌动见小白芽时（有条件的放在阳光下晒3～5天）即可切芽，切芽时舍弃病、烂、杂薯，并做好切刀消毒（用甲基托布津500倍液浸刀），切到病薯一定要把病薯扔掉，将刀消毒后再切下一块，切芽时尽量将顶芽多分几块，每个芽块重25～30g（有条件的可增加到40～50g）。

种薯每块留1～2个健康芽眼，将切面晾干后，种薯放在室温20℃条件下催芽10～15天。催芽方法是：先在地面上铺一层5cm厚混合均匀的潮湿沙土或细沙，然后放一层薯块，再盖一层5cm厚的沙土，如此排放，最多排放3层薯块，顶部及四周沙土厚10cm。堆温15℃左右，顶部芽萌发至1cm大小时，放在散射光或阳光下晒种壮芽7天左右，使芽绿化粗壮。当芽长至2～3cm，并出现幼根时播种。

（3）整地施肥 结合整地施入优质腐熟有机肥45000kg/公顷，施尿素150kg/公顷，磷酸二铵300kg/公顷，氯化钾（或硫酸钾或）375kg/公顷，硫酸锌30kg/公顷，播前撒施或播种时沟施。

（4）规格播种 于3月底～4月初视天气情况，当10cm土温达到4～5℃时适时开沟早播，按沟距50～60cm（沟深10cm），株距18～25cm摆种薯，每亩摆5000～6000块，并及时盖好地膜。3月下旬播种，播深6～8cm，将芽眼朝上，垄上种两行，播后覆土。整平垄面，立即覆膜。膜宽75cm，使用农膜3kg/亩左右。底墒不足时，应先灌水蓄墒，严禁缺墒播种。

1）放风、引苗。当幼苗长出1～2片叶时，要及时打孔放苗。放苗时间选择在晴天上午10：00前或下午4：00后，阴天可全天放苗，同时用细土封严幼苗周围的地膜，以利保温保墒。

2）水肥管理。幼苗出齐后，视苗情早浇水，结合浇水每亩追尿素10kg。马铃薯进入现蕾期后，地上部生长迅速，根据墒情应小水勤浇，经常保持土壤湿润，一般7~10天浇一水，结合浇水每亩追施尿素、硫酸钾各10kg。5~6月结合防治蚜虫喷施叶面肥，收获前5~7天停止浇水。

3）中耕培土。苗出齐后及早进行第一次破膜中耕，这时幼苗小应浅锄，现蕾期中耕兼浅培土，以利匍匐茎的生长和块茎的形成，植株封垄前深锄高培土以利结薯。

4）化学调控。若马铃薯有徒长现象，可喷50~100mg/kg的多效唑或1~6mg/kg的矮壮素加以抑制。

5）收获。5月下旬~6月上旬当薯叶变黄时及时收获，每亩产2000kg左右。

6）病虫害防治。马铃薯常发生的害虫有地下害虫和蚜虫，蚜虫可用10%吡虫啉乳油4000~6000倍液喷施防治，地下害虫可用5%辛硫磷颗粒剂拌和20~25kg细沙土撒施或用40%乐果乳油、90%晶体敌百虫用适量水稀释，然后拌入炒香的麦麸、豆饼等饵料中，用药量为饵料量的1%，每亩施用1.5~2.5kg。春茬马铃薯生产如图4-15所示。

图4-15　马铃薯生产图

6. 大葱栽培技术要点

（1）品种选择　可根据本地市场习惯选择长白或短白大葱品

种，详见大葱优良品种介绍一章。

（2）播种育苗 可于上一年9月秋播育苗，也可在当年3月地膜覆盖育苗，苗床管理详见秋播大葱和春播大葱栽培技术章节。

（3）整地施肥 马铃薯收获后，马上清除杂草杂物，每亩施腐熟有机肥4000~5000kg，饼肥100kg，过磷酸钙25kg，进行深翻，使土肥混合均匀，平整土地。

（4）定植 6月中旬当葱高长至30~40cm，茎粗1~1.5cm时定植。定植前1~2天苗床浇1次起苗水，并分大、中、小三级定植，大苗稀栽，小苗略密。定植时，采用大机械深开沟，开沟深25cm、宽30~40cm。在开好的沟内，每沟栽2行，将葱插入沟底，以三角形形状错开栽种植，以不埋住心叶出叶孔为宜，大行距100cm，小行距20cm，株距8cm，每亩栽15000株左右，两边压实后浇水。或者实行等行距定植，行距100cm，株距8cm，适当加大行距有利于后期小麦套作。

（5）定植后管理

1）水肥管理。定植后不久，进入高温多雨季节，葱苗生长缓慢，消耗养分较少，一般不旱不浇水，此期要注意排涝蹲苗，以利于发新根，从定植到“立秋”中耕除草2~3次。“立秋”后气温下降，大葱生长加快，浇水应根据假茎生长快慢和气温而定，一般“立秋”到“处暑”期间每10天左右浇一水，水量不要过大；“处暑”到“霜降”期间每4~6天浇1次透水，收获前7~10天停止浇水。施肥要结合浇水分别于“立秋”“处暑”“白露”“秋分”进行，前2次每亩均追施三元复合肥50~100kg，硫酸钾15kg，后2次分别追施尿素10~15kg或腐熟好的人粪尿1000~1500kg、沼液肥200~300kg，生长中后期还要叶面喷施0.5%磷酸二氢钾溶液等叶面肥2~3次。

2）培土。培土是软化叶鞘，防止倒伏，提高假茎产量和质量的一项重要措施。结合浇水进行培土，将垄上的土填入葱沟内，在8月底~9月初平沟。以后还要分次培土，使原来的垄背变成沟，葱沟变成垄背，每次培土的高度视假茎生长高度而定，将行间潮湿土尽量培到植株两侧并拍实，从“立秋”到收获，共培土3~4次。

3）收获。大葱可以根据市场需要随时收获上市，干储大葱要在“霜降”前收获。

4）病虫害防治。为害大葱的害虫主要有葱蝇、蓟马、甜菜夜蛾等；主要病害有紫斑病、霜霉病、灰霉病、软腐病等，具体防治方法参考大葱病虫害诊断与防治技术一章。

7. 大葱小麦套作

为使大葱充分生长，又不耽误小麦播种，生产上可实行大葱后期套作小麦的栽培模式。该套作方法要点是：10月初小麦播种前，利用机械将大葱行间土壤疏松、整平，把小麦播种于大葱行间，从而达到充分利用晚秋光热资源，实现葱粮两丰的生产目的（彩图9）。

第五章
无公害出口大葱栽培技术

大葱是我国出口创收的主要蔬菜之一。我国的大葱产品主要销往日本和欧美国家，部分产品销往我国港、澳地区。其中，保鲜大葱以销往日本和我国港澳地区为主。速冻葱、脱水葱等主要销往欧洲和美洲国家。葱粉、葱片、葱汁等深加工产品主要面向韩国市场。我国的大葱产品质量距国际市场要求相差不大，但具有明显的价格竞争优势，其市场前景广阔。以下介绍出口保鲜大葱的规范化栽培标准和技术。

第一节　无公害出口大葱的生产要求和标准

1. 出口大葱的质量要求与分级标准

(1) 出口保鲜大葱标准　植株整齐一致，无分蘖。假茎长30~45cm，直径1.8~2.5cm，叶长15~25cm，成品葱叶身与假茎长度比为（1.2~1.5）∶1。假茎外观洁白，组织致密，叶片鲜嫩，无病虫、无机械伤、无病斑、无霉烂、不弯曲。生产实践中，以手握大葱假茎基部，保持植株直立5s以上，假茎不弯曲、不折断为好（图5-1）。

(2) 出口保鲜香葱标准　香葱成株高60cm以上，组织鲜嫩，质地良好，无病虫、无机械伤、无病斑、无霉烂、不弯曲。规格按直径分为L、M、S三级：L级直径0.9~1.0cm；M级直径0.7~0.9cm；S级直径0.5~0.7cm（图5-2）。

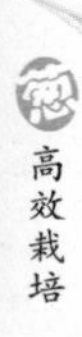

图5-1　大葱包装

图5-2　出口香葱分级

2. 出口大葱标准化生产基地环境要求

出口大葱标准化生产基地环境质量应符合 GB/T 18407.1—2001 的规定。

3. 出口大葱的检疫标准

各国对大葱的农药残留限量略有不同，以下为日本针对大葱的农药限量标准（表5-1）。

表5-1　染病农产品农药残留限量标准

农药名称	最高残留限量/(mg/kg)	农药名称	最高残留限量/(mg/kg)
二氯异丙醚	1	三氟氯氰菊酯	2
茵草敌	0.04	氟氯氰菊酯	2
2，4，5-涕	不检出	环丙唑醇	0.2

（续）

农药名称	最高残留限量/(mg/kg)	农药名称	最高残留限量/(mg/kg)
乙酰甲胺磷	0.1	三环锡（普特丹东）	不检出
氧化偶氮基	5	氯氰菊酯	5
杀草强	不检出	灭蜱胺（赛灭净）	2
异菌脲（扑海因）	5	稀禾啶	10
双胍辛	0.1	二嗪磷	0.1
醚菊酯（多来宝）	2	比久	不检出
乙嘧硫磷	0.1	禾草丹	0.2
敌菌丹	不检出	甲基乙拌磷	0.1
精喹禾灵	0.05	氟苯脲	1
草甘膦	0.2	溴氰菊酯	0.1
草铵膦	0.2	四溴菊酯	0.5
毒死蜱	0.01	水杨菌胺	0.2
氟啶脲	2	敌百虫	0.5
百菌清	5	氟菌唑	1
氰草津	0.05	氟乐灵	0.1
乙霉威	5	甲基立枯磷（立克菌）	2
抑菌灵	5	氟虫脲	10
敌敌畏	0.1	腐霉利	5
甲基对硫磷	1	丙环唑	0.05
生物苄呋菊酯	0.1	己唑醇	0.1
联苯菊酯	0.5	氰菊酯	3
哒螨灵	1	戊菌唑	2
抗蚜威	0.5	灭草松	0.05
甲基嘧啶磷	1	三乙膦酸铝	100
除虫菊素	1	马拉硫磷	8
氯苯嘧啶醇	0.5	抑蚜丹	25
杀螟硫磷	0.2	腈菌唑	1
仲丁威	0.5	甲硫威	0.05
氰戊菊酯	0.5	甲基苯塞隆	0.05
抑草磷	0.05	嗪草酮	0.5
吡负	0.1	虱螨脲	3
氟酰胺	2	环草啶	0.3
氟胺氰菊酯	0.5	噻草酮	0.2

4. 检疫

保鲜大葱的检疫主要应重视三虫一病：葱蓟马、夜蛾类幼虫、葱斑潜蝇、软腐病。

第二节　出口大葱标准化生产技术

1. 品种选择

出口大葱的品种选择较为严格，一般由外商指定。要求品种长势旺盛，根系发达，抗软腐病、霜霉病、锈病，假茎紧实度高，硬度大，耐抽薹，多为日本进口品种。目前生产常用品种有：早熟品种可选择金长、金长3号、夏黑2号；中熟品种可选择明彦、改良明彦；晚熟品种可选择长悦、长宝、元藏、天光一本、春味。

【提示】 品种选择上，保护地栽培应以早熟品种为主，露地栽培以选择中晚熟品种为主。晚熟品种较耐抽薹，因此播期和收获期可适当延后。

2. 出口大葱的茬口安排

我国出口大葱生产以露地生产为主，但市场需求为周年供应，因此应结合当地生产条件，在露地大葱生产的基础上，辅助设施栽培实现大葱的周年栽培，对于提高大葱的产出效益具有积极意义。出口大葱常见茬口安排见表5-2。

华北地区常见茬口有：露地栽培，9~10月露地育苗，苗期自然越冬，第二年6~7月定植，10月底~11月初收获；设施栽培，春季1~2月日光温室育苗，苗龄50~60天，3~4月定植于大拱棚，8月收获；或2~3月份拱棚育苗，苗龄60~70天，麦收后露地种植，9~10月收获；或9~10月大拱棚或小拱棚多层覆盖育苗，第二年1~2月定植于日光温室或大拱棚多层覆盖，第二年4~5月收获。

表 5-2 出口大葱常见茬口安排

茬口	播种时间	定植时间	收获时间	设施
露地栽培	9~10月露地育苗	第二年6~7月定植	10月底~11月初	—
设施栽培	春季1~2月日光温室育苗	3~4月定植于大拱棚	8月	日光温室、大拱棚
	2~3月拱棚育苗	6月上中旬	9~10月	拱棚
	9~10月大拱棚或小拱棚多层覆盖育苗	第二年1~2月定植于日光温室或大拱棚	第二年4~5月	大拱棚或小拱棚、日光温室

3. 育苗与田间管理

参考大葱的露地栽培技术和保护地栽培技术章节。

4. 病虫害防治

出口大葱对产品农药残留要求严格，要求标准高于无公害大葱生产，生产上应高度重视施肥和用药技术，以免因贸易技术壁垒造成生产损失。在大葱的病虫害防治上应认真研究其他国家或进口国的农药限量标准，坚持预防为主，综合防治的基本原则。要采用合理轮作、增施有机肥、平衡施肥、及时排除积水等农艺措施减少病害发生。发生病虫害时，应综合选用物理防治、生物防治及化学防治方法，尽量减少农药用量，确保大葱产品安全。

出口大葱化学防控病虫害应注意的问题如下。

1）基本原则：优先选择生物农药、生化制剂或天然植物源杀菌、杀虫剂，合理使用高效、低毒、低残留的杀菌、杀虫剂，严禁使用禁用农药。

2）出口大葱在生产上推荐使用的不同农药类型及代表药剂见表 5-3。

3）出口大葱生产上推荐使用、避免使用和限制使用的农药分类见表 5-4。

表 5-3　出口大葱推荐使用的农药类型

农药类型	代表性药剂
生物农药	苏云金杆菌制剂、拮抗菌制剂、鱼藤制剂等
生化制剂	阿维菌素、多抗霉素、农用链霉素、农抗120等
植物源杀虫剂	苦参碱、苦皮藤素、闹羊花毒素、印楝素等
植物源杀菌剂	苦楝素、绿帝、银泰等
昆虫生长调节剂类	灭幼脲、除虫脲、抑太保、灭蝇胺、氟铃脲、氟啶脲等
高效低毒低残留杀菌剂	甲基抑菌灵、霜霉威、三唑酮、多菌灵、百菌清、杀毒矾等
高效低毒低残留杀虫剂	辛硫磷、敌百虫等
禁用农药	甲胺磷、呋喃丹、氧化乐果、3911、1605、甲基1605、灭螟威、久效磷、磷铵、异丙磷、三硫磷、磷化铝、氰化物、氟乙酰胺、吡酸、西力生、赛力散、溃疡净、五氯酚钠、敌枯霜、二溴氯丙烷、普特丹、倍福朗、18%蝇毒磷乳粉、六六六、滴滴涕、二溴乙烷、杀虫脒、艾氏剂、狄氏剂、汞制剂、毒鼠强、三环锡等

表 5-4　出口大葱施用农药分类

农药名称	残留限量标准/(mg/kg)				防治对象	风险分析
	日本	欧盟	马来西亚	中国		
硫酸链霉素	一律	一律			种子消毒、软腐病	限制
甲醛					种子消毒	限制
高锰酸钾					种子消毒	推荐
甲霜灵（瑞毒霉）	0.2	0.2	0.5		种子消毒	推荐
多菌灵	3	0.1	1.0		苗床土壤消毒、紫斑病、灰霉病	推荐
毒死蜱（乐斯本）	0.2	0.05			苗床土壤消毒	推荐
百菌清	5	10			苗床土壤消毒、紫斑病、霜霉病、疫病、黑斑病	推荐
敌磺钠	一律	一律			苗床土壤消毒	回避

（续）

农药名称	残留限量标准/(mg/kg)				防治对象	风险分析
	日本	欧盟	马来西亚	中国		
生石灰	豁免	豁免			苗床土壤消毒	推荐
精吡禾草灵（高效盖草能）	一律	0.2	0.05		苗床除草	回避
甲基硫菌灵	3	0.1	0.1		紫斑病、灰霉病、菌核病、炭疽病	推荐
代森锰锌（大生）	10	1			紫斑病、锈病、黑斑病、炭疽病	推荐
农抗120	一律	一律			紫斑病、霜霉病、疫病	回避
腐霉利（速克灵）	5	0.02			灰霉病	推荐
农利得（异菌脲与福美双复配）	5	0.1			灰霉病	推荐
异菌脲（扑海因）	5	3	0.1		紫斑病、黑斑病、菌核病	推荐
噁霜灵锰锌（杀毒矾）	5	0.01			紫斑病、霜霉病、疫病、灰霉病	推荐
菌核净	一律	一律			菌核病	回避
硫酸链霉素	一律	一律			软腐病	回避
苯醚甲环唑（世高）	一律	0.1	1.0		锈病、黑斑病、紫斑病	回避
氟硅唑（福星）	一律	0.02			锈病	回避
三唑酮	0.1	1.0			锈病	推荐
萎锈灵	一律	0.1			锈病	回避
丙环唑（敌力脱）	0.05	0.05			锈病	限制
炭疽福美（福美双+福美锌）	10	0.1			炭疽病	推荐
霜霉威	3	0.1			霜霉病、疫病	推荐
安克（烯酰吗啉+代森锰锌）	2	0.3			霜霉病、疫病	推荐
氢氧化铜（可杀得）	10	5			软腐病	推荐

（续）

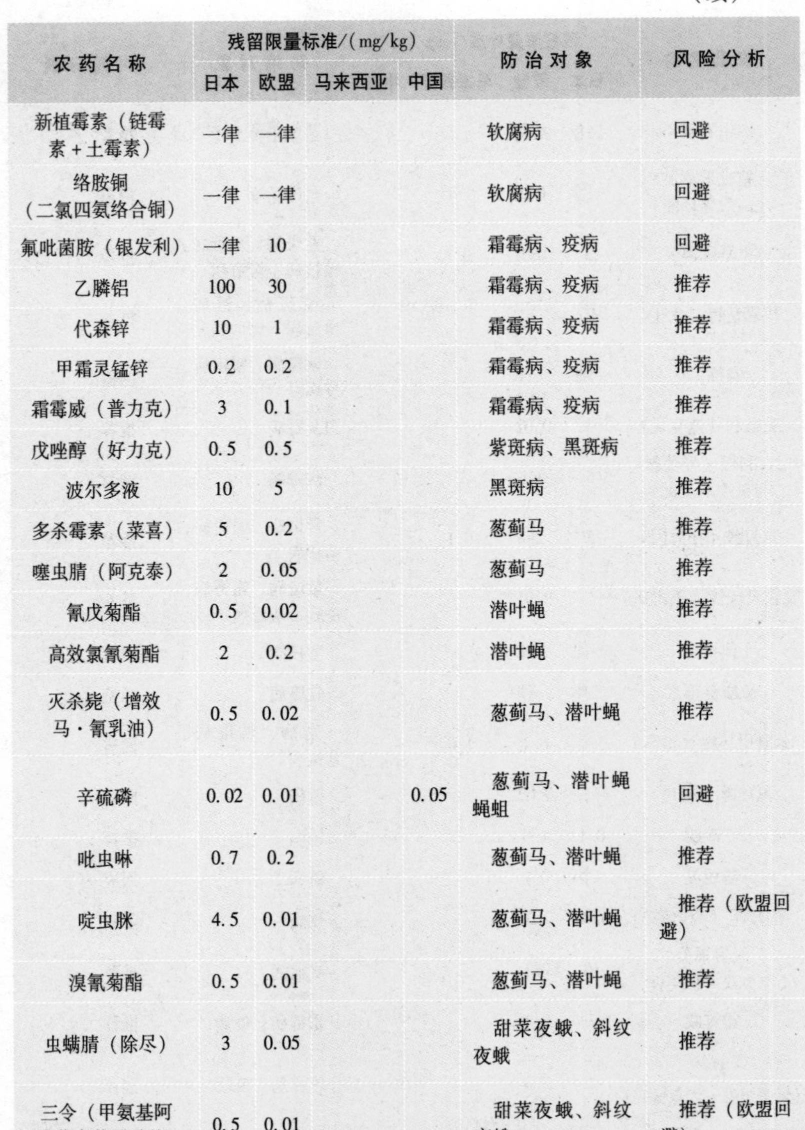

农药名称	残留限量标准/(mg/kg)				防治对象	风险分析
	日本	欧盟	马来西亚	中国		
新植霉素（链霉素+土霉素）	一律	一律			软腐病	回避
络胺铜（二氯四氨络合铜）	一律	一律			软腐病	回避
氟吡菌胺（银发利）	一律	10			霜霉病、疫病	回避
乙膦铝	100	30			霜霉病、疫病	推荐
代森锌	10	1			霜霉病、疫病	推荐
甲霜灵锰锌	0.2	0.2			霜霉病、疫病	推荐
霜霉威（普力克）	3	0.1			霜霉病、疫病	推荐
戊唑醇（好力克）	0.5	0.5			紫斑病、黑斑病	推荐
波尔多液	10	5			黑斑病	推荐
多杀霉素（菜喜）	5	0.2			葱蓟马	推荐
噻虫腈（阿克泰）	2	0.05			葱蓟马	推荐
氰戊菊酯	0.5	0.02			潜叶蝇	推荐
高效氯氰菊酯	2	0.2			潜叶蝇	推荐
灭杀毙（增效马·氰乳油）	0.5	0.02			葱蓟马、潜叶蝇	推荐
辛硫磷	0.02	0.01		0.05	葱蓟马、潜叶蝇蝇蛆	回避
吡虫啉	0.7	0.2			葱蓟马、潜叶蝇	推荐
啶虫脒	4.5	0.01			葱蓟马、潜叶蝇	推荐（欧盟回避）
溴氰菊酯	0.5	0.01			葱蓟马、潜叶蝇	推荐
虫螨腈（除尽）	3	0.05			甜菜夜蛾、斜纹夜蛾	推荐
三令（甲氨基阿维菌素苯甲酸盐）	0.5	0.01			甜菜夜蛾、斜纹夜蛾	推荐（欧盟回避）

（续）

农药名称	残留限量标准/(mg/kg)				防治对象	风险分析
	日本	欧盟	马来西亚	中国		
安打（茚虫威）	2	0.02			甜菜夜蛾、斜纹夜蛾	推荐（欧盟回避）
抑虫肼	一律	0.05			甜菜夜蛾、斜纹夜蛾	回避
异丙威	一律	一律			蓟马	回避
奥绿一号（苜蓿银纹夜蛾核型多角体病毒）	一律	一律			甜菜夜蛾、斜纹夜蛾	回避
甲氧虫酰肼（雷通）	3	0.02			甜菜夜蛾、斜纹夜蛾	推荐（欧盟回避）

4）防治大葱主要病虫害且限量指标相对宽泛的农药种类和安全使用方法见表5-5。

表5-5 出口大葱常用农药的施用方法

农药名称	剂型	常用药量（稀释倍数）	施用方法	安全间隔期/天	最多使用次数	防治对象
百菌清	75%可湿性粉剂	500～600倍液	喷雾	7	3	紫斑病
代森锰锌（大生）	70%可湿性粉剂	500倍液	喷雾	7	3	
噁霜灵锰锌（杀毒矾）	64%可湿性粉剂	500倍液	喷雾	3	3	
异菌脲（扑海因）	50%可湿性粉剂	500倍液	喷雾	10	1	
甲霜灵（瑞毒霉）	25%可湿性粉剂	500～600倍液	喷雾	1	3	霜霉病
乙膦铝	40%可湿性粉剂	500～600倍液	喷雾	7	3	
氢氧化铜（可杀得）	77%可湿性粉剂	500～800倍液	喷雾	3	3	
粉锈宁	15%可湿性粉剂	800～1000倍液	喷雾	7	2	锈病

（续）

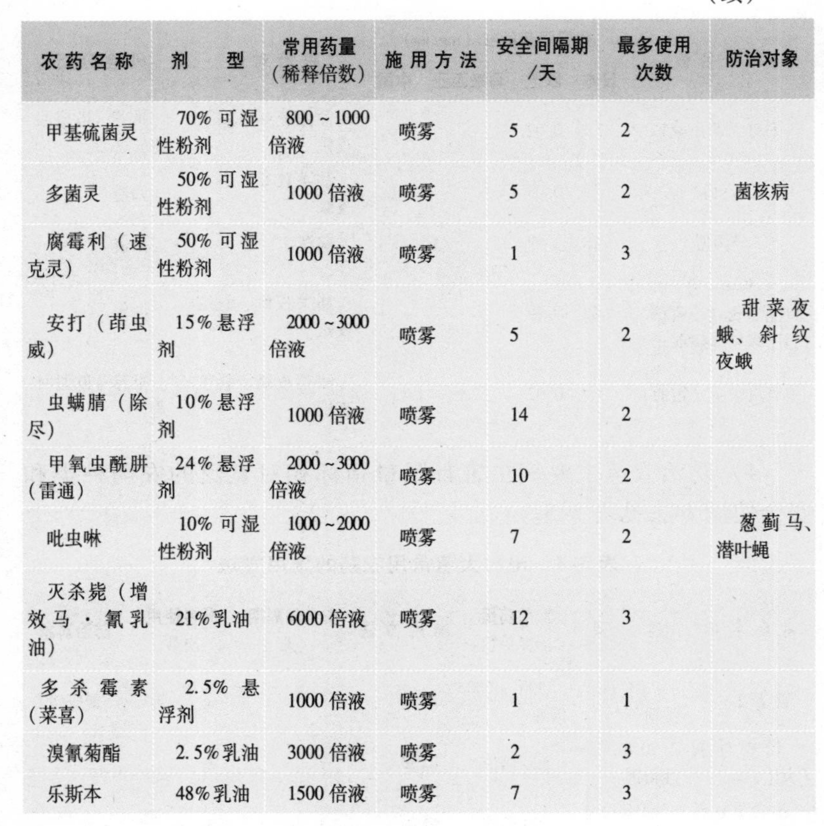

农药名称	剂型	常用药量（稀释倍数）	施用方法	安全间隔期/天	最多使用次数	防治对象
甲基硫菌灵	70%可湿性粉剂	800~1000倍液	喷雾	5	2	
多菌灵	50%可湿性粉剂	1000倍液	喷雾	5	2	菌核病
腐霉利（速克灵）	50%可湿性粉剂	1000倍液	喷雾	1	3	
安打（茚虫威）	15%悬浮剂	2000~3000倍液	喷雾	5	2	甜菜夜蛾、斜纹夜蛾
虫螨腈（除尽）	10%悬浮剂	1000倍液	喷雾	14	2	
甲氧虫酰肼（雷通）	24%悬浮剂	2000~3000倍液	喷雾	10	2	
吡虫啉	10%可湿性粉剂	1000~2000倍液	喷雾	7	2	葱蓟马、潜叶蝇
灭杀毙（增效马·氰乳油）	21%乳油	6000倍液	喷雾	12	3	
多杀霉素（菜喜）	2.5%悬浮剂	1000倍液	喷雾	1	1	
溴氰菊酯	2.5%乳油	3000倍液	喷雾	2	3	
乐斯本	48%乳油	1500倍液	喷雾	7	3	

5. 收获加工

（1）收获 各茬口大葱假茎长至35cm，85%植株假茎直径达1.8~2.5cm时可开始采收。采收时用铁叉或铁锨掘开葱垄一侧，露出假茎和毛根，用手轻轻拔起，忌损伤假茎、断根或断茎。抖去根上泥土，剔除明显不合格葱，保留内4~5片叶。按照收购标准粗分级，按20kg（或小捆）左右一捆捆扎，然后用塑料编织袋打包葱捆，用绳分3道捆扎，勿扎过紧，防止葱叶被折断或压扁。将包裹好的葱捆置于车厢排架上，不宜堆放、叠放，运往加工厂时应轻装轻卸。

（2）加工

1）切根。大葱运至加工厂后立即加工。用锋利刀片迅速切去须根，保留部分短盘茎，切根宜平整，不伤假茎。

2）剥叶。用高压剥皮枪从对侧出叶孔处将皮剥除，保留内3片叶。

3）切叶。将大葱放于56cm长的特制纸箱或容器内，切去过长叶片，要求切口整齐，无破叶、断叶。

4）擦拭保洁。用干净毛巾或纱布擦净假茎和叶片上的泥土。

5）捆扎分级。用符合国际卫生标准的材料捆扎。箱内同一级别大葱务求粗细长短基本均匀一致。捆扎要求和分级标准见表5-6。

表5-6 捆扎分级标准

包装规格	规格	假茎粗/cm	包装（10束/箱）	单根葱重/g
3kg/箱	L	2.2~2.5	2根/束	145
	M	1.7~2.1	3根/束	95
	S	1.2~1.6	4根/束	80
5kg/箱	L	2.4~2.8	2根/束	166.7
	M	2.2~2.5	3根/束	111
	S	1.7~2.1	4根/束	83

6）包装与冷藏。出口大葱的包装箱为纸箱：3kg装纸箱标准规格为60cm×22cm×11cm；5kg装纸箱标准规格为60cm×25cm×15cm。

包装好的大葱在装入集装箱进行运输之前，应在0~2℃冷库中预冷12h。临时不能外运的成品葱应置于冷风库中冷藏保存，冷藏室温度保持在0~2℃。要注意定期检查确认大葱是否因温度过低发生冻伤或温度过高导致腐烂。

第六章
有机大葱高效栽培技术

随着生活水平的提高，人们对农产品质量安全和农业产区的环境健康问题日益关注。采用严格、高效的有机蔬菜栽培技术生产优质、高产、无污染的大葱产品对于满足人们的生活需求，提升大葱产值和效益具有积极作用。有机大葱生产的难点是在不施用化肥和化学合成农药的前提下获得高产和优质，因此在实际生产中应采取综合管理措施方能达到预期效果。

第一节　有机大葱生产定义和生产标准

一　有机大葱的定义

有机大葱生产技术是指遵循可持续发展的原则，严格按照《欧共体有机农业条例2092/91》进行多次生产、采收、运输、销售，不使用化学农药、化肥、植物生长调节剂等，按照农业科学和生态学原理，维持稳定的农业生态体系。中国有机产品认证标志如图6-1所示。

二　生产基地环境要求和标准

1. 基地选择标准

1）选择标准。根据国家最新的关于有机产品标准的要求，有机大葱生产基地应选择空气清新、土壤有机质含量高、有良好植被覆盖的优良生态环境，避开疫病区，远离城区，工矿区，交通主干线，工业、生活垃圾场等污染源。基地土壤环境质量符合二级标准，农田灌溉水质符合V类标准，环境空气质量标准要求达到二级标准和保护农作物的大气污染物最高准许浓度。

图6-1　中国有机产品认证标志

【注意】　有机大葱生产基地的土地应是完整地块，其间不能夹有进行常规生产的地块，但允许夹有有机转换地块，且与常规生产地块交界处须界限明显。

2）确立转换期。有机大葱生产转换期一般为3年。新开荒、撂荒或有充分数据说明多年未使用禁用物质的地块也至少需1年转换期。转换期的开始时间从向认证机构申请认证之日起计算，转换期内必须完全按照有机生产要求操作，转换期结束后须经认证机构检测达标后方能转入有机大葱生产。

3）合理轮作。大葱忌连作，其有机生产基地应避免与百合科，如韭菜、大蒜等作物轮作，宜与豆科植物或绿肥等轮作换茬。前茬收获后，应彻底清理田间环境，清除田间病残体，集中销毁或深埋，减少病虫基数。

2. 大葱有机栽培各项标准

大葱有机栽培需要满足土壤环境质量标准、农田灌溉水质标准、大气污染物浓度限值（表6-1、表6-2和表6-3）。

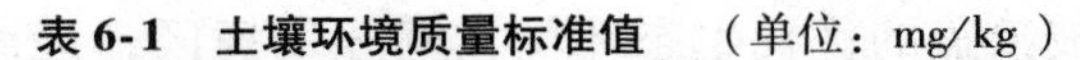

表 6-1　土壤环境质量标准值　（单位：mg/kg）

级　别	一　级	二　级			三　级
土壤 pH	自然背景	<6.5	6.5~7.5	>7.5	>6.5
项目					
镉≤	0.20	0.30	0.60	1.0	
汞≤	0.15	0.30	0.50	1.0	1.5
砷 水田≤	15	30	25	20	30
砷 旱地≤	15	40	30	25	40
铜 农田≤	35	50	100	100	400
铜 果园≤	—	150	200	200	400
铅≤	35	250	300	350	500
铬 水田≤	90	250	300	350	400
铬 旱地≤	90	150	200	250	300
锌≤	100	200	250	300	500
镍≤	40	40	50	60	200
六六六≤	0.05		0.50		1.0
滴滴涕≤	0.05		0.50		1.0

注：① 重金属（铬主要是三价）和砷均按元素量计，适用于阳离子交换量>5cmol(+)/kg 的土壤，若阳离子交换量≤5cmol(+)/kg，其标准值为表内数值的半数。

② 六六六为四种异构体总量，滴滴涕为四种衍生物总量。

③ 水旱轮作地的土壤环境质量标准，砷采用水田值，铬采用旱地值。

表 6-2　农田灌溉水质标准

序号	项　目	水　作	旱　作	蔬　菜
1	生化需氧量（BOD_5）≤	80	150	80
2	化学需氧量（CODcr）≤	200	300	150
3	悬浮物≤	150	200	100

（续）

序号	项　目	水　作	旱　作	蔬　菜
4	阴离子表面活性剂（LAS）≤	5.0	8.0	5.0
5	凯氏氮≤	12	30	30
6	总磷（以P计）≤	5.0	10	10
7	水温/℃≤	35	35	35
8	pH	5.5～8.5	5.5～8.5	5.5～8.5
9	全盐量≤	1000（非盐碱土地区），2000（盐碱土地区），有条件的地区可以适当放宽	1000（非盐碱土地区），2000（盐碱土地区），有条件的地区可以适当放宽	1000（非盐碱土地区），2000（盐碱土地区），有条件的地区可以适当放宽
10	氯化物≤	250	250	250
11	硫化物≤	1.0	1.0	1.0
12	总汞≤	0.001	0.001	0.001
13	总镉≤	0.005	0.005	0.005
14	总砷≤	0.05	0.1	0.05
15	铬（六价）≤	0.1	0.1	0.1
16	总铅≤	0.1	0.1	0.1
17	总铜≤	1.0	1.0	1.0
18	总锌≤	2.0	2.0	2.0
19	总硒≤	0.02	0.02	0.02
20	氟化物≤	2.0（高氟区）3.0（一般地区）	2.0（高氟区）3.0（一般地区）	2.0（高氟区）3.0（一般地区）

（续）

序号	项　目	水　作	旱　作	蔬　菜
21	氰化物≤	0.5	0.5	0.5
22	石油类≤	5.0	10	1.0
23	挥发酚≤	1.0	1.0	1.0
24	苯≤	2.5	2.5	2.5
25	三氯乙醛≤	1.0	0.5	0.5
26	丙烯醛≤	0.5	0.5	0.5
27	硼≤	1.0（对硼敏感作物，如马铃薯、笋瓜、韭菜、洋葱、柑橘等）；2.0（对硼耐受性作物，如小麦、玉米、青椒、小白菜、葱等）；3.0（对硼耐受性强的作物，如水稻、萝卜、油菜、甘蓝等）	1.0（对硼敏感作物，如马铃薯、笋瓜、韭菜、洋葱、柑橘等）；2.0（对硼耐受性作物，如小麦、玉米、青椒、小白菜、葱等）；3.0（对硼耐受性强的作物，如水稻、萝卜、油菜、甘蓝等）	1.0（对硼敏感作物，如马铃薯、笋瓜、韭菜、洋葱、柑橘等）；2.0（对硼耐受性作物，如小麦、玉米、青椒、小白菜、葱等）；3.0（对硼耐受性强的作物，如水稻、萝卜、油菜、甘蓝等）
28	粪大肠菌群数/（个/L）≤	10000	10000	10000
29	蛔虫卵数/（个/L）≤	2	2	2

表 6-3　大气中各项污染物的浓度限值（GB 3095—2012）

污染物名称	平均时间	浓度限值		浓度单位
		一级	二级	
二氧化硫	年平均	60	60	μg/m³
	24h 平均	50	150	
	1h 平均	150	500	
二氧化氮	年平均	40	40	
	24h 平均	80	80	
	1h 平均	200	200	

（续）

污染物名称	平均时间	浓度限值		浓度单位
		一级	二级	
一氧化碳	24h 平均	4	4	mg/m^3
	1h 平均	10	10	
臭氧	日最大 8h 平均	100	160	μg/m^3
	1h 平均	160	200	
颗粒物（粒径≤10μm）	年平均	40	70	
	24h 平均	50	150	
颗粒物（粒径≤2.5μm）	年平均	15	35	
	24h 平均	35	75	
总悬浮颗粒物	年平均	80	200	
	24h 平均	120	300	
氮氧化物	年平均	50	50	
	24h 平均	100	100	
	1h 平均	250	250	
铅	年平均	0.5	0.5	
	季平均	1	1	
苯并芘	年平均	0.001	0.001	
	24h 平均	0.0025	0.0025	

3. 设置缓冲带

有机大葱基地与传统生产地块相邻时需在基地周围种植 8～10m 宽的高秆作物、乔木或设置物理障碍物作为缓冲带，以保证有机大葱种植区不受污染和防止临近常规地块施用的化学物质的漂移。

三 品种选择

禁止使用转基因或含转基因成分的种子，禁止使用经有机禁用物质和方法处理的种子和种苗，种子处理剂应符合 GB/T

19630—2011 要求。应选择适应当地土壤和气候条件，抗病虫能力较强的大葱品种，如章丘大葱、鲁葱 1 号、潍科 1 号大葱及部分日本大葱品种等。

【栽培禁忌】 有机大葱生产应选择经认证的有机种子、种苗或选用未经禁用物质处理的种苗。目前用包衣剂处理的种子不宜选择。

四 有机大葱施肥技术

有机大葱不论是育苗还是田间生产期间水肥管理均应按照有机蔬菜生产标准进行，基本要点如下。

（1）禁用化肥 可施用有机肥料，如粪肥、饼肥、沼肥、沤制肥等；矿物肥，包括钾矿粉、磷矿粉、氯化钙等；有机认证机构认证的有机专用肥或部分微生物肥料。

（2）施用方法

1）施肥量。一般每亩有机大葱底肥可施用有机粪肥 3000 ~ 4000kg，追施专用有机肥 100kg。动、植物肥料用量比例以1∶1为宜。

2）重施底肥。结合整地施底肥，用量占总肥量的 80%。

3）巧施追肥。大葱属浅根系作物，追肥时可将肥料撒施、掩埋于定植沟内，及时浇水或培土。

五 有机大葱病虫草害防治技术

有机大葱的病虫草害防治应坚持“预防为主，综合防治”的植保原则，通过选用抗病、耐病品种，合理轮作、间混套作等农艺措施以及物理防治和天敌生物防治等技术方法进行有机大葱病虫草害防治。生产过程中禁用化学合成农药和基因工程技术生产产品。

（1）病害防治

1）可用药剂：石灰、硫黄、波尔多液、高锰酸钾等，可防治多种病害。

2）限制施用药剂：主要为铜制剂，如氢氧化铜、氧化亚铜、硫酸铜等，可用于真菌、细菌性病害防治。

3）允许选用软皂、植物制剂（植物源杀菌剂）、醋等物质抑制真菌病害。

4）允许选用微生物及其发酵产品防治大葱病害。

（2）虫害防治

1）提倡通过释放捕食性天敌，如瓢虫、捕食螨、赤眼蜂等防治虫害。

2）允许使用软皂、植物源杀虫剂和提取剂防虫。

3）可以在诱捕器、散发皿中使用性诱剂，允许使用视觉性（如黄板、蓝板）和物理性捕虫设施（如黑光灯、防虫网等）。

4）可以限制性使用鱼藤酮、植物源除虫菊酯、乳化植物油和硅藻土杀虫。

5）有限制地使用杀螟杆菌、Bt 制剂等。

（3）防除杂草 禁止使用基因工程技术产品或化学除草剂除草，提倡秸秆覆盖除草和机械除草。

第二节 有机大葱栽培管理技术规程

1. 茬口安排

有机大葱的茬口一般为露地栽培，一般在 9～10 月播种育苗，第二年 6～7 月定植，10 月收获。采用保护地栽培则茬口较为灵活，各地可根据实际设施条件确定播种期。

2. 培育壮苗

育苗时需着重注意以下几个问题。

（1）整地施肥 有机大葱育苗可采用平畦栽培。做畦前结合旋耕土地，每亩普施充分腐熟的粪肥 3000～4000kg，矿物磷肥 30～50kg，钾肥 10～20kg。

（2）土壤和种子处理 选用有机认证的种子或未经禁用物质处理的常规种子。有机大葱种子播种前应进行土壤、棚室和种子消毒。

选用物理方法或天然物质进行土壤和棚室消毒。土壤消毒方法：地面喷施或撒施3～5波美度石硫合剂、晶体石硫合剂100倍液、生石灰2.5kg/亩、高锰酸钾100倍液或木醋液50倍液。苗床消毒可在播前3～5天地面喷施木醋液50倍液或用硫黄（0.5kg/m^2）与基质、土壤混合，然后覆盖农膜密封。棚室则可提前采用灌水、闷棚等物理方法结合药剂方法进行消毒，防治病虫。

【栽培禁忌】 苗床覆盖农膜禁用含氯农膜，应予以注意。

种子消毒技术主要有晒种、温汤浸种、干热消毒和药剂消毒四种。药剂消毒方法为：采用天然物质消毒，可用高锰酸钾200倍液浸种2h，木醋液200倍液浸种3h，石灰水100倍液浸种1h或硫酸铜100倍液浸种1h。药剂消毒后温汤浸种4h。

（3）苗床管理技术 可参考第四章大葱露地栽培技术。

（4）田间管理技术

1）有机大葱肥水管理技术。定植前施足底肥，可结合整地每亩施入有机肥4000～5000kg，矿物磷肥30～50kg，矿物钾肥15～20kg。缓苗期及时排除雨后积水，一般不追加水肥，缓苗后浇小水1次。进入发叶期后应加强水肥管理。8月上旬每亩施入有机粪肥2000kg或专用有机肥100～200kg和沼渣200～500kg（沼肥生产设施如图6-2、图6-3所示），结合中耕将肥料锄入定植沟中，随后浇大水1次，浇水时每亩冲施沼液肥200kg。墒情合适后及时培土1次。8月下旬每亩施入专用有机肥100～150kg或饼肥50～100kg、沼渣200～300kg，肥后浇大水1次，同时追施1/3水量的沼液，并培土1次。9月是假茎生长适期，应加大水肥供应。分别于上旬和下旬各追加肥水1次，方法如前，可根据苗情追施矿物钾肥10～15kg/亩，培土2次。从10月开始，同化物转运加快，此期重点是浇水。应每隔6～7天浇透水1次，保持土壤湿润。霜降前后应小水勤浇，田间不宜缺水。根据植株长势培土1次。

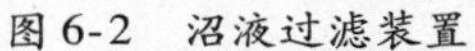
图 6-2　沼液过滤装置

图 6-3　沼渣发酵池

2）有机大葱病虫害防治技术。有机大葱病虫害防治应以农业措施、物理防治、生物防治为主，化学防治为辅，实行无害化综合防治措施。药剂防治必须符合 GB/T 19630—2011 要求，杜绝使用禁用农药，严格控制农药用量和安全间隔期。有机大葱常见病虫害防治方法如下。

① 猝倒病。进行种子、土壤消毒。发病初期用大蒜汁 250 倍液、25% 络氨铜水剂 500 倍液或井冈霉素 1000 倍液防治，兑水喷雾，每 7 天左右防治 1 次。

② 灰霉病。发病初期叶面喷施 2% 春雷霉素 500 倍液、1/10000硅酸钾溶液、80% 碱式硫酸铜可湿性粉剂 800 倍液或 25% 络氨铜水剂 500 倍液，每 10 天左右防治 1 次。

③ 疫病。发病初期叶面喷施大蒜汁 250 倍液、25% 络氨铜水剂 500 倍液、井冈霉素 1000 倍液、80% 碱式硫酸铜可湿性粉剂 800 倍液或 77% 可杀得 3000 可湿性粉剂 600 倍液，每 7 ~ 10 天防治 1 次，连续 2 ~ 3 次。

④ 霜霉病。发病初期叶面喷施武夷菌素、0. 5% 大黄素甲醚水剂（卫保）、枯草芽孢杆菌（依天得）等生物农药或 47% 春雷 · 王铜 WP（加瑞农）、46. 1% 氢氧化铜（可杀得 3000）等矿物农药防治，每 7 ~ 10 天防治 1 次。

⑤ 软腐病。发病初期可用 72% 农用链霉素可湿性粉剂 4000 倍液或 46. 1% 氢氧化铜 1500 倍液灌根。

⑥ 蚜虫、蓟马、白粉虱、叶螨及夜蛾类害虫。棚室栽培的应加装防虫网，其他物理和生物措施有：设置黄色、蓝色粘虫板；黑光灯或频振式杀虫灯诱杀成虫；田间释放白粉虱天敌丽蚜小蜂、叶螨天敌捕食螨、蚜虫天敌瓢虫或草蛉等进行防治（图6-4～图6-7）。

图6-4　控制叶螨的捕食螨

图6-5　防治蓟马的蓝板

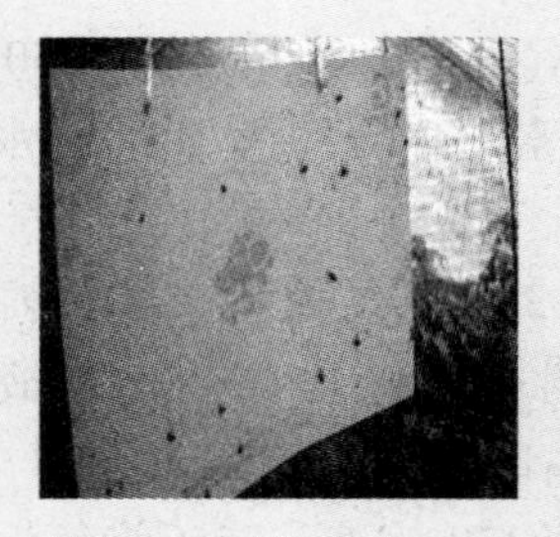

图6-6　防治蚜虫的黄板

图6-7　防治白粉虱的丽蚜小蜂

【药剂防治】为害初期可喷施苦参碱乳油1000～1500倍液、5%天然除虫菊素乳油800～1000倍液、生物肥皂1000倍液、清源保800倍液、0.5%印楝素乳油1000～1500倍液等防治。

【提示】　有机大葱病虫害防治允许的使用生物农药主要包括：①抗生素类杀虫剂：阿维菌素类；②细菌类杀虫剂：苏云金杆菌、BT制剂类；③植物源杀虫剂：苦参素、鱼藤酮及银杏叶、黄杜鹃花、苦楝素、辣蓼草等植物提取物质等。

第七章
大葱保护地栽培技术

我国大葱露地栽培茬口多以秋冬季供应干葱为主，收获期相对集中，经济效益年际间波动较大。大葱消费市场需求为周年平衡供应，因此结合棚室设施蔬菜的倒茬，合理安排大葱与其他设施蔬菜的轮作，对于克服棚室连作障碍，缓解大葱淡季市场供应不足，提高棚室生产效益均具有积极意义。此外，有的地区在生产实践中还利用保护地设施囤青葱，从而可在干葱销售季节销售部分青葱，对调节市场及提高效益均有效果。

大葱与其他设施蔬菜轮作具有高效性的原因：①大葱茬口属于辣茬，其根系分泌物对土壤多种有害细菌、真菌具有杀灭作用。②大葱根系为须根系，根系分布深度较浅和范围较小，与茄果类、瓜类等蔬菜具有一定的互补性。③大葱以营养体为收获器官，根据市场需求其收获时间较为灵活，倒茬方便。因此，目前大葱的棚室设施生产日益受到重视。

第一节　大葱保护地栽培的设施

一　大葱保护地栽培的设施类型及茬口安排

(1) 设施类型　大葱属喜凉蔬菜，其适宜的设施类型有阳畦、小拱棚、大拱棚和日光温室。目前应用较多的是小拱棚和大拱棚。

(2) 茬口安排 大葱保护地栽培的常见茬口安排见表 7-1。

表 7-1 大葱保护地栽培的常见茬口安排

茬 口	育苗时间	定植时间	收获时间	前茬或后茬	设施类型
早春茬	1 月中旬或 2~3 月中旬	2 月下旬~3 月上旬或 3 月下旬~4 月下旬	5~6 月收获青葱	前茬为秋冬茬茄果类、瓜类蔬菜	大拱棚、日光温室
秋延迟	4 月下旬~5 月上旬，露地育苗	8 月上旬	第二年 1 月	后茬为冬春茬或早春茬茄果类、瓜类蔬菜	大拱棚套小拱棚
越冬茬	9~10 月或 10 月下旬	11 月初定植，2 月下旬扣棚或 1 月中下旬定植	第二年 4~6 月供应鲜葱或 5 月上中旬	后茬为早春茬茄果类、瓜类蔬菜	大拱棚或小拱棚

二 大葱栽培设施设计与建造

大葱保护地栽培的常用设施是小拱棚和塑料大棚。本章以昌乐和寿光常用棚室栽培设施为例，分别介绍不同棚室的设计与建造方法。

1. 小拱棚设计与建造

小拱棚的跨度一般为 1~3m，高 0.5~1m。其结构简单，造价低，一般多用轻型材料建成。骨架可由细竹竿、毛竹片、荆条或直径为 6~8mm 的钢筋等材料弯曲而成。

(1) 小拱棚的主要类型 包括拱圆小棚、拱圆棚加风障、半墙拱圆棚和单斜面棚，生产应用较多的是拱圆小棚（图 7-1）。

(2) 小拱棚的结构与建造 大葱栽培小拱棚棚架为半圆形，高度 0.8~1m，宽 1.2~1.5m，长度因地而定。地面覆盖地膜，骨架用细竹竿按棚的宽度将两头插入地下形成圆拱，拱杆间距

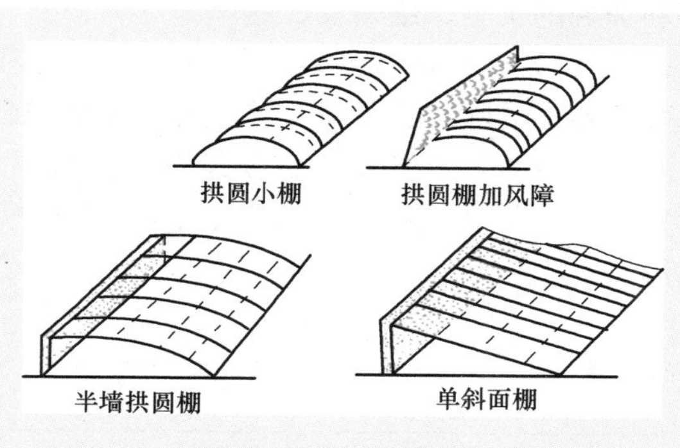

图 7-1　小拱棚的类型

30cm 左右。全部拱杆插完后，绑 3 ~4 道横拉杆，使骨架成为一个牢固的整体（图 7-2）。覆盖薄膜后可在棚顶中央留一条放风口，采用扒缝放风。为了加强防寒保温，棚的北面可加设风障，在棚面上于夜间再加盖草苫。

图 7-2　搭建塑料小拱棚

2. 塑料大棚的设计与建造

（1）大葱生产用塑料大棚　主要包括竹木结构大棚和热镀锌钢管拱架大棚（图 7-3）。

图 7-3　竹木结构大棚和热镀锌钢管拱架大棚

(2) 塑料大棚的类型、结构及建造

1）类型。塑料大棚按棚顶形状可以分为拱圆形和屋脊型两类，我国绝大多数的塑料大棚为拱圆形。按骨架结构则可分为竹木结构、水泥预制竹木混合结构、钢架结构、钢竹混合结构等，前两种一般为有立柱大棚。按连接方式又可分为单栋大棚和连栋大棚两种（图 7-4）。

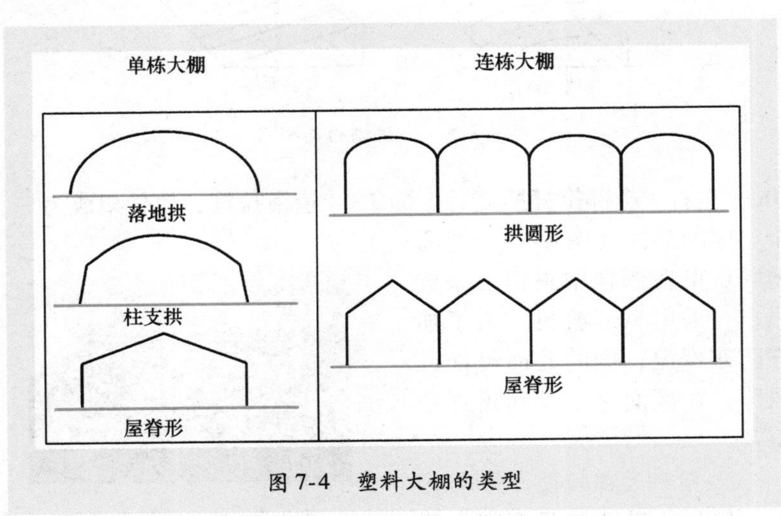

图 7-4　塑料大棚的类型

2）结构。大棚棚型结构的设计、选择和建造，应把握以下三个方面。

① 棚型结构合理，造价低；结构简单，易建造，便于栽培和管理。

② 跨度与高度要适当。大棚的跨度主要由建棚材料和高度决定，一般为 8 ~ 12m。大棚的高度（棚顶高）与跨度的比例应不少于 0.25。竹木结构和钢架结构拱圆大棚结构图，如图 7-5、图 7-6 所示。

【提示】　实际生产中塑料大棚的跨度和长度应根据当地生产习惯和管理经验具体确定，如昌乐和寿光的竹木结构塑料大棚跨度和长度分别可达 16m 和 300m 以上。双连栋大棚跨度可在 20m 以上。

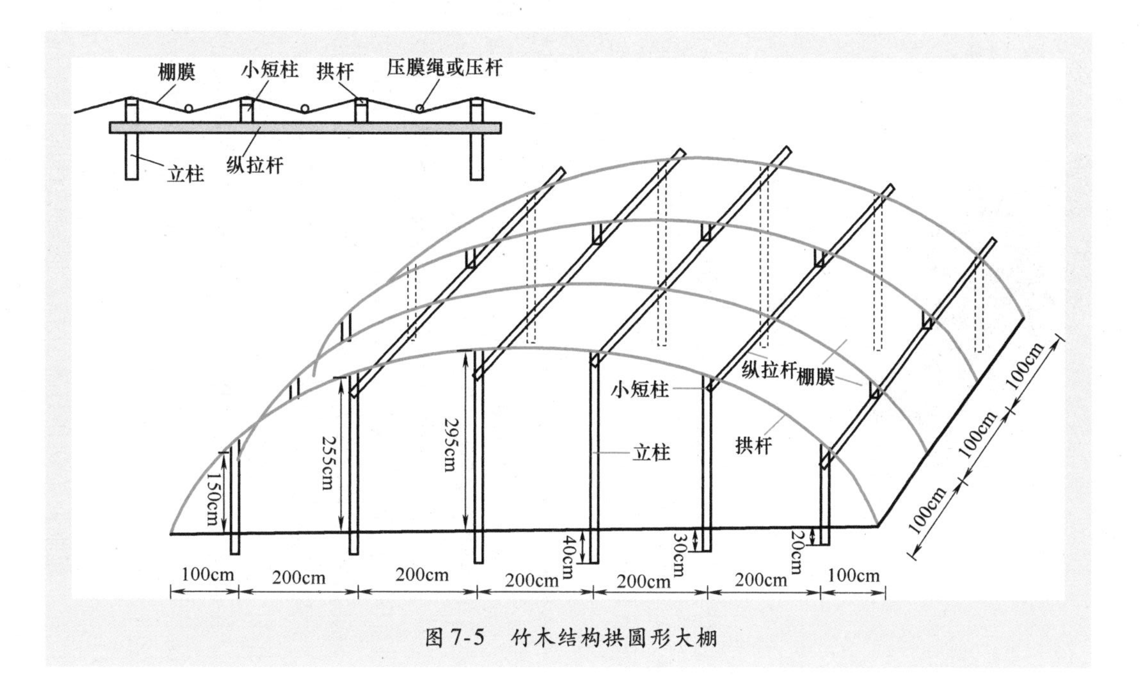

图7-5 竹木结构拱圆形大棚

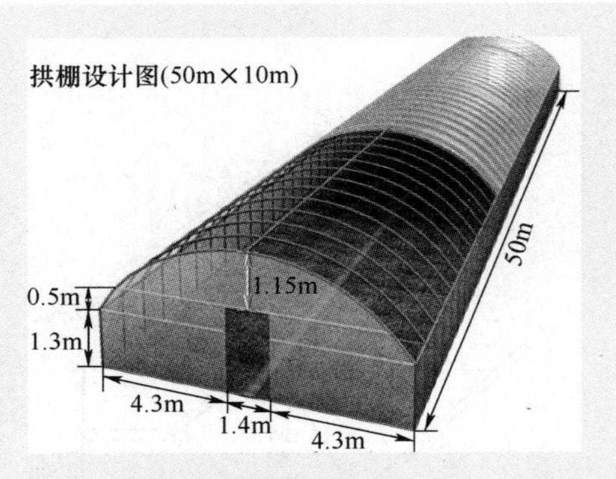

图 7-6　钢架拱圆形大棚结构示意图

③ 设计适宜的跨拱比。性能较好棚型的跨拱比为 8～10。跨拱比 = 跨度/(顶高 - 肩高)。以跨度 12m 为例，适宜顶高为 3m，肩高不低于 1.5m，不高于 1.8m。

3）建造。

① 竹木结构塑料大棚。竹木结构大棚主要由立柱、拱杆（拱架)、拉杆、压膜绳（压杆）等部件组成，俗称“三杆一柱”。此外，还有棚膜和地锚等。

a. 立柱。立柱起支撑拱杆和棚面的作用，呈纵横直线排列。纵向与拱杆间距一致，每隔 0.8～1.0m 设一根立柱，横向每隔 2m 左右设一根立柱。立柱粗度为 5～8cm，高度一般为 2.4～2.8m，中间最高，向两侧逐渐变矮成自然拱形（图 7-7、图 7-8)。

b. 拱杆。拱杆是塑料大棚的骨架，可决定大棚形状和空间构成，并起支撑棚膜的作用。拱杆可用直径 3～4cm 的竹竿按照大棚跨度要求连接构成。拱杆两端插入地下或捆绑于两端立柱之上。拱杆其余部分横向固定于立柱顶端，呈拱形（图 7-9)。

c. 拉杆。起纵向连接拱杆和立柱，固定拱杆的作用，使大棚骨架成为一个整体。拉杆一般为直径 3～4cm 的竹竿，长度与棚体长度一致（图 7-10)。

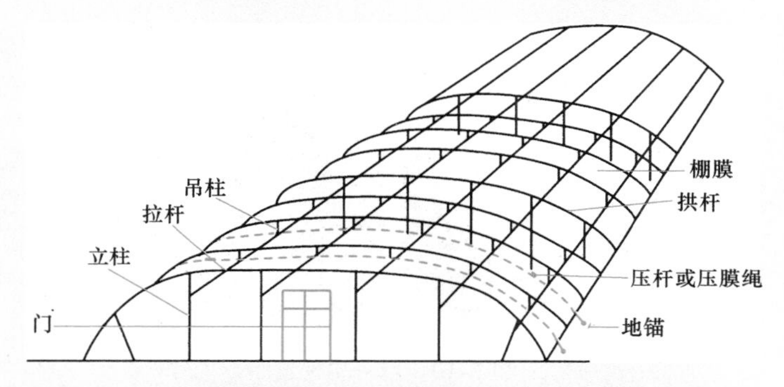

图 7-7　竹木结构大棚示意图

图 7-8　立柱安排及实例

图 7-9　拱杆实例图

图 7-10　拉杆实例图

d. 压杆。压杆位于棚膜上两根拱架中间，起压平、压实、绷紧棚膜的作用。压杆两端用铁丝与地锚相连，固定于大棚两侧土壤里。压杆以细竹竿为材料，也可以用 8 号铁丝或尼龙绳代替，拉紧后两端固定于事先埋好的地锚上（图 7-11）。

图 7-11　压杆、压膜铁丝和地锚

e. 棚膜。棚膜可以选用 0.1 ~ 0.12mm 厚的聚氯乙烯（PVC）或聚乙烯（PE）薄膜及 0.08mm 厚的醋酸乙烯（EVA）薄膜。棚膜宽幅不足时，可用电熨斗加热粘连。若大棚宽度小于 10m，可采用“三大块两条缝”的扣膜方法，即三块棚膜相互搭接（重叠处宽大于 20cm，棚膜边缘烙成筒状，内可穿绳），两处接缝位于棚两侧距地面约 1m 处，可作为放风口扒缝放风。如果大棚宽度大于 10m，则需采用“四大块三条缝”的扣膜方法，除两侧封口外，顶部一般也需要设通风口（图 7-12）。

图 7-12　简易大棚两侧和顶部通风口

两端棚膜的固定可直接在棚两端拱杆处垂直将薄膜埋于地下，中间部分用细竹竿固定。中间棚膜用压杆或压膜绳固定（图 7-13）。

图 7-13　两端及中间棚膜的固定

f. 门。大棚建造时可在两端中间两立柱之间安装两个简易推拉门。当外界气温低时，在门外另附两块薄膜相搭连，以防门缝隙进风（图 7-14）。

【提示】　大棚扣塑料薄膜应选择无风晴天上午进行。先扣两侧下部膜，拉紧、理平，然后将顶膜压在下部膜上，重叠 20cm 以上，以便雨后顺水。

图 7-14　两端开门及外附防风薄膜

寿光、昌乐等地蔬菜生产中采用的上述简易竹木结构塑料大棚，具有造价便宜、易学易建、技术成熟、便于操作管理等优点，因而得到了广泛推广和应用。因此，农民朋友在选择大棚设施时不可盲目追求高档，而应就地采用价廉耐用材料，以降低成本，增加产出。

② 钢架结构塑料大棚。钢架结构大棚的骨架是用钢筋或钢管焊接而成。其拱架结构一般可分为单梁拱架、双梁平面拱架和三角形拱架三种，前两种在生产中较为常见。拱架一般以 Φ12 ~ 18mm 圆钢或金属管材为材料；双梁平面拱架由上弦、下弦及中间的腹杆连成桁架结构；三角形拱架则由三根钢筋和腹杆连成桁架结构（图 7-15、图 7-16）。

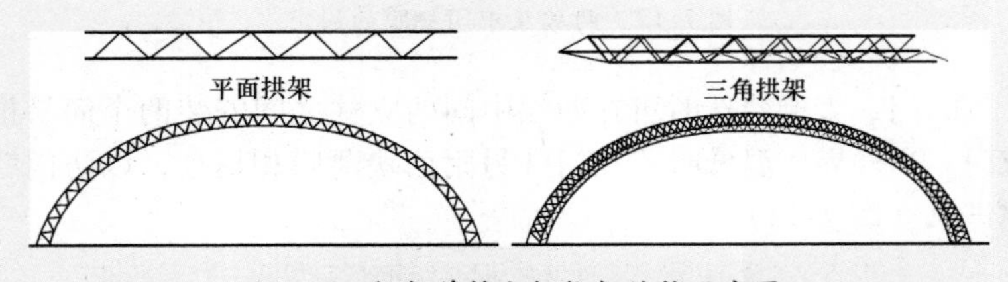

图 7-15　钢架单栋大棚桁架结构示意图

通常大棚跨度为 10 ~ 12m，脊高 2.5 ~ 3.0m。每隔 1.0 ~ 1.2m 埋设一拱形桁架，桁架上弦用 Φ14 ~ 16mm 钢管、下弦用

图 7-16　钢架大棚桁架结构

Φ12～14mm 钢筋、中间用 Φ10mm 或 8mm 钢筋作腹杆连接。拱架纵向每隔 2m 以 Φ12～14mm 钢筋拉杆相连，拉杆焊接于平面桁架下弦，将拱架连为一体（图 7-17）。

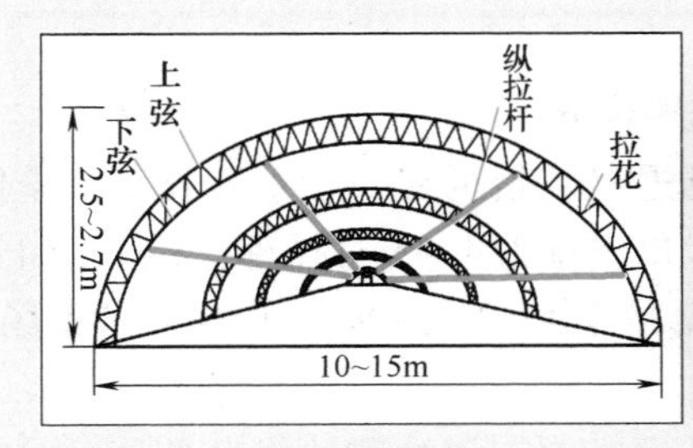

图 7-17　钢架桁架无立柱大棚

钢架结构大棚采用压膜卡槽和卡膜弹簧固定薄膜，两侧扒逢通风。其具有中间无立柱、透光性好、空间大、坚固耐用等优点，但一次性投资较大。跨度 10m、长 50m 的钢架结构塑料大棚材料预算见表 7-2。

表 7-2　跨度 10m、长 50m 的钢架结构塑料大棚材料及预算

项　目	材　料	数量或规格	总价/元	备　注
拱架	32mm 热镀锌无缝钢管	1822. 3kg	10022. 6	
横向拉杆	32mm 热镀锌无缝钢管	692kg	3806	

（续）

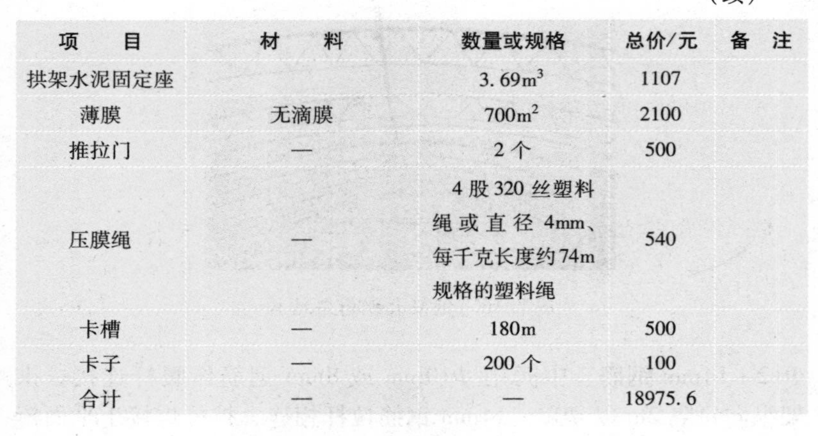

项　目	材　料	数量或规格	总价/元	备　注
拱架水泥固定座		3.69m^3	1107	
薄膜	无滴膜	700m^2	2100	
推拉门	—	2个	500	
压膜绳	—	4股320丝塑料绳或直径4mm、每千克长度约74m规格的塑料绳	540	
卡槽	—	180m	500	
卡子	—	200个	100	
合计	—	—	18975.6	

第二节　大葱不同茬口的棚室栽培技术

一　大葱秋延迟茬棚室栽培技术

大葱大拱棚套小拱棚秋延迟茬栽培可在冬春季节收获淡季供应鲜葱，经济效益良好。其茬口安排为4~5月播种，8月上旬定植，10月中下旬大棚覆膜，第二年1~3月采收，供应春节市场。

1. 品种选择

秋延迟茬大葱应选择耐低温寡照、耐抽薹的优良品种，要求在低温下生长较快，后期在低温、高湿的棚室内具有较强抗病性，假茎组织紧实度高，假茎色泽白亮，加工品质好等。

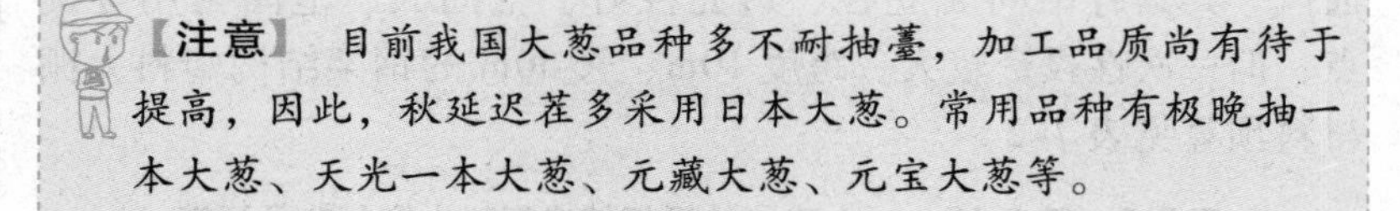

【注意】 目前我国大葱品种多不耐抽薹，加工品质尚有待于提高，因此，秋延迟茬多采用日本大葱。常用品种有极晚抽一本大葱、天光一本大葱、元藏大葱、元宝大葱等。

2. 育苗

（1）育苗时间　一般在4月下旬~5月上旬露地育苗。

（2）苗床处理　选择3年内未种植过葱蒜类作物的地块作为

苗床。结合整畦每亩普施充分腐熟的农家肥3000~4000kg、复合肥30~50kg或颗粒有机肥150~200kg、尿素或磷酸二铵10~15kg、硫酸钾5~10kg。用毒死蜱、敌百虫颗粒剂以及福美双杀菌剂处理床土预防地下病虫害。

（3）播种 播种前用33%二甲戊灵乳油处理土壤，防除杂草。每亩苗床用种1.5~2.0kg（每定植1亩地约需葱种100g），采用撒播或条播均可，播后覆盖地膜。苗床保持见干见湿，避免干裂或积水。

（4）苗床管理 约70%种子出苗后及时揭除农膜。本茬口育苗前期春季气温干燥，应加强肥水管理，过度干旱易导致叶片发黄、干尖，不利于壮苗培育，具体可参考大葱育苗一节。育苗中、后期恰值高温多雨季节，在管理上有条件的地区可在葱畦上架设小拱棚遮雨，雨后及时去膜，防止病害多发。酷暑季节可在小棚上方遮盖遮阳网降温。整个育苗期为病虫害多发期，主要病害有猝倒病、霜霉病、疫病、灰霉病、紫斑病等，虫害主要有蝼蛄、蓟马、蛴螬、甜菜夜蛾等，应及时防治。

3. 定植

（1）定植时间 8月上中旬定植。

（2）定植田准备 定植田可选在已建大拱棚内，也可先选地定植，后期架设拱棚。前茬收获后结合整地每亩普施充分腐熟的农家肥4000~5000kg。南北向开沟，沟深25cm左右，宽30cm左右。结合开沟，每亩集中施入三元复合肥30~50kg。

（3）起苗 定植前1~2天苗床浇水，以利起苗。剔除病、弱苗，按照苗大小分成一、二、三级分别定植，随刨随栽。

（4）定植工作 定植宜在早晚进行，尽量避开中午高温强光时段，以利于缓苗。定植行距80~100cm，株距3~5cm，亩苗数为2.0万~2.5万株。定植深度以不埋没葱心为宜，叶片扇面与行向垂直，以利于密植和管理。

4. 田间管理

（1）温度、湿度和光照管理 大葱生长适温为20~25℃。华北地区9月下旬气温降至16～20℃，因此应于10月初大棚上膜或架设拱棚。前期（立冬之前）通过放风、闭棚保持棚内白天适温20～25℃，夜温15℃左右。立冬之后气温下降迅速，冷空气频繁，可在大拱棚内加盖3m宽小拱棚，实行双层覆盖提温。保持棚内白天气温15～25℃，夜温10℃左右。大雪之后气温进一步下降，应尽量保持棚内白天气温15～25℃，夜温8℃以上，防止大葱春化抽薹。

大葱根系喜湿，叶片耐寒，生长期需要较高的土壤湿度和较低的空气湿度。大棚内加套小拱棚后，尤其夜晚湿度较大，易引发多种病害，因此应加强大棚和小棚的通风管理，待白天气温升至20℃左右时及时通风降湿。通风时按照循序渐进的原则，先通小风，近中午时适当加大通风量，下午棚内气温降至20℃左右时及时闭棚。

【注意】 大葱属喜凉蔬菜，因此当棚内温度与湿度管理发生矛盾时，应以降湿防病为先。通风应精细管理，通风量由小到大逐步进行，风口不可一开到底。

大葱对光照强度要求适中。本茬口大葱定植初期阴雨天明显减少，光照强度可以满足要求，但后期日照时间显著减少，因此在管理上应注意加强棚膜透光，后期遮盖草苫时在保证棚温的前提下，适当早揭晚盖，延长光照时间。

（2）水肥管理 定植后缓苗期一般在20天左右，此期土壤不是特别干旱不必浇水，以蹲苗促壮，雨后及时排除积水。缓苗后浇小水1次。发叶期和生长盛长前期根据墒情浇水1～2次。进入生长期后要结合培土大水勤浇，总的原则是浇足、浇透，保持土壤湿润，田间不存积水。入冬盖棚后减少浇水量，以浇小水为主，以免地温下降过快，影响大葱生长。收获前7～10天停止浇水。

大葱缓苗后，结合浇水追施提苗肥，以尿素或磷酸二铵10～15kg/亩为宜。假茎生长初期，应追施攻叶肥，结合浇水冲施三元复合肥20～30kg/亩。假茎盛长期，需肥量加大，应追攻棵肥，可结合培土分2～3次施入三元复合肥60kg/亩、尿素10～15kg/亩、硫酸钾 10～15kg/亩。后期（假茎充实期）可根据田间长势结合浇水冲施三元复合肥 10～15kg/亩或沼液肥 200～300kg/亩，以提高大葱抗病、抗寒能力。

（3）培土 大葱培土应逐步进行，首次培土可结合浇水或雨后中耕平沟。之后根据其长势一般每半月培土 1 次，一共 4 次。培土不可埋没葱心，应注意保持假茎直立，使假茎长度在 30cm 左右。

5. 病虫害防治

秋延迟大葱盖棚前易发病虫害主要有紫斑病、霜霉病以及蓟马、甜菜夜蛾等。扣棚后随环境湿度增加，病害发生较多，主要有紫斑病、黑斑病、灰霉病、疫病以及蓟马等，因此应注意加强预防，综合防治。

6. 采收

第二年 2 月开始采收，根据市场行情，采收可延续至 3 月初。

二 大葱越冬茬棚室栽培技术

大葱越冬茬棚室栽培根据定植时间或扣棚时间早晚，茬口安排一般可分 2 种。第一种是大葱全生育期均在棚内，设施为大拱棚套小拱棚，且棚外覆草苫。播种育苗时间为 10 月下旬，定植时间为 1 月中下旬，收获时间为 5 月上中旬。第二种是秋播育苗（9 月），冬前（11 月初）定植，2 月上旬～下旬扣棚，收获时间为 5 月中旬～6 月上旬，设施为大拱棚或小拱棚（图 7-18）。

图 7-18 大葱大拱棚栽培

1. 品种选择

大葱越冬茬棚室栽培良种选择的关键是防止大葱春季先期抽薹，失去商品利用价值。因此，应选用耐抽薹、抗春化、晚抽薹的品种为宜，如元藏、晚抽一本太等。生产实践表明锦藏、夏黑、白树等品种不适宜越冬茬棚室栽培。

2. 育苗

（1）育苗时间 10月下旬棚室育苗。

【提示】 本茬口播种时间过早，尤其苗龄超过4叶1心，通过春化后，生育期内易抽薹开花；过晚，则苗龄过小，不宜适期定植。

（2）苗床管理 播种后及时架设小拱棚或直接播种于大拱棚内，棚膜外覆草苫保温防寒，促早出苗。出苗后的苗床管理主要进行温度、湿度和光照调控，创造幼苗生长的适宜环境。主要措施为根据天气变化及时揭盖草苫，使棚温尽量控制在昼温15～25℃，夜温8℃以上，最冷时白天温度不宜低于10℃。在保证温度条件下，冬天草苫尽量早揭晚盖，以增加透光时间。当棚室湿度大时中午通小风降湿。此期除非苗床干旱，一般不浇水施肥，苗床缺水时，须浇小水。葱苗2叶1心时即可定植。

【提示】 大葱出苗后，在湿度较大的环境下易发猝倒病。应在葱苗直钩前喷施72.2%霜霉威水剂2000～3000倍液1～3次，防效较好。

3. 定植

（1）定植时间 第二年1月中下旬定植。

【提示】 本茬口定植时间不宜过早或过晚。过早，则低温、高湿环境下葱苗发根慢，易沤根死亡；过晚，则春季生长时间减少，造成减产。

（2）设施准备 定植前10～15天扣棚提升棚内地温，定植后在大拱棚内架设3m宽小拱棚，并外覆草苫保温，即两膜1苫。

（3）定植密度 定植株距3cm，行距90～100cm，亩苗数2.1万～2.5万株。

4. 田间管理

（1）温度、湿度和光照管理 本茬大葱定植期恰处一年中最为严寒的季节，因此早期管理应以棚室增温保温、增加光照和适度降湿为管理重点。定植后及时架设小拱棚，夜间覆盖草苫。保持棚内气温，尽量减少低于8℃的次数和天数。尤其当假茎直径0.5cm以上，4叶1心时更应加强温度管理，严防大葱低温春化，导致抽薹开花。棚内湿度过大时，可在晴天中午适当放小风。至3月上中旬，随气温回升，大葱进入假茎盛长初期，应结合施肥培土撤去小拱棚，并加强大拱棚通风散湿，将温度控制为白天20～25℃，夜间10～18℃为宜。

（2）水肥管理 本茬大葱前期处于低温阶段，因此应尽量减少浇水。一般定植后浇小水1次，发根后进入假茎盛长初期浇小水1次。进入盛长期后结合培土要大水勤浇，浇足、浇透，中后期气温回升后结合培土施肥每6～7天浇大水1次，直至收获。施肥则应结合浇水、培土等农事操作追施提苗肥、攻叶肥、攻棵肥等。

（3）培土 整个生育期一般培土3～4次。到5月中上旬，当假茎长35cm，茎粗1.8cm时即可收获上市。

（4）病虫害防治 该茬易发病虫害主要有紫斑病、霜霉病及蓟马等，应注意加强预防，综合防治。

5. 大葱越冬茬棚室栽培的其他茬口

大葱越冬茬棚室栽培可以根据棚室前后茬口以及大葱收获产品的不同灵活处理，除上述茬口外还可以进行以下茬口。

（1）冬前定植，春后覆膜，采收青葱茬口 9月上中旬播种，11月初（立冬前）定植，2月上旬（立春前）覆盖大拱棚或小拱棚棚膜，生育期间不培土，大拱棚可于5月中旬、小拱棚于

6月中旬采收青葱上市。基本生产过程如下。

1）秋季播种。9月上中旬地膜覆盖育苗，苗龄1.5~2个月。

2）冬前定植。11月初定植，定植时结合整地亩施充分腐熟农家肥3000~4000kg、三元复合肥50~70kg、钾肥10~15kg。耙匀耢平后整成高10~15cm、宽70cm左右、间距30cm的高垄，垄上覆90cm宽农膜。按照行距15cm、株距6cm打孔定植。每垄种植5行，亩苗数4.0万~4.5万株。

3）春后覆膜。于2月上旬（立春前）覆盖大拱棚棚膜，小拱棚棚膜可于2月下旬覆盖。覆膜后尽量不浇水，保持室内温度8~25℃为宜。随气温回升，大葱进入发叶期时可揭除地膜，并随浇水追施尿素10~15kg/亩。此期，应控制昼温15~25℃，夜温10℃以上，注意加强通风、降温散湿。至3月中下旬，应逐渐加大通风量，直至两侧棚膜完全扒开，昼夜不再覆盖。透光较好的棚膜可不移走，遇雨天遮雨可减轻病害发生。期间可根据田间长势进行肥水管理。

4）收获。根据市场行情和长势情况，于5~6月集中收获青葱上市。

（2）秋季播种，春后覆膜，苗床采收小青葱茬口 9月上中旬播种。上冻前浇封冻水1次，架设风障护苗，并在苗床四周架设中小拱棚的骨架，挖好压农膜浅沟。第二年2月上旬扣膜，尽量保持室内昼温15~20℃，夜温不低于8℃，不必浇水。葱苗返青后，及时追施返青水、肥。随气温回升，棚内温度超过30℃时，及时通小风降湿。3月上中旬即可收获小青葱上市。

三 大葱早春茬保护地栽培技术

（1）育苗时间 于1月中下旬保护地内播种育苗。

（2）苗期管理 有条件的地区可采用温室套小拱棚育苗，必要时可采用远红外电热膜加温技术，促苗早发。一般情况下，铺设远红外电热膜比不铺设处理早出苗7~10天（图7-19、彩图10）。幼苗出土前保持棚内昼温15~20℃，夜温15℃左右。出苗后保持棚内昼温15~20℃，夜温10℃左右。定植前1周通风炼苗，保持昼温10~20℃，夜温8℃以上。

图7-19　远红外电热膜

(3) 定植　根据采收时间确定定植时间，一般为2月中下旬~3月上旬。定植于大拱棚或小拱棚中，可行密植栽培，行距15cm，株距3~4cm，亩苗数5.3万株左右。

(4) 田间管理　根据葱苗长势，合理进行水肥和环境管理，可参考大葱越冬茬保护地栽培的其他茬口管理技术。

(5) 采收　于5~6月采收青葱上市。

第三节　保护地囤青葱技术

囤葱是指利用温室等设施囤栽集中收获的成株或半成株大葱，生产鲜嫩青葱的方法。一般在干葱长出2片左右心叶后收获，因此囤栽青葱又称发芽葱或羊角葱。

囤葱栽培一般分为2种模式：一是拟囤栽大葱生长至秋冬季节不收获，就地越冬，春季萌发产生羊角葱，即露地越冬储藏。二是春夏季育苗，秋季露地栽培囤栽植株，秋冬收获半成株大葱后自然储藏，早春或冬春季节在温室、地窖、阳畦等保护设施内密植囤栽，生产羊角葱。

1. 品种选择

囤葱栽培应选假茎较短、粗的鸡腿葱品种或短白葱品种，一般不采用长白大葱。

2. 囤葱栽培技术要点

大葱的囤栽植株一般以选择小干葱为宜，增重可达原重的1.5倍，增重产量主要来自植株吸收的水分和少量光合产物。植株营养体过大的则囤栽增重不明显，但植株过小的，积累营养不足，囤栽长出的发芽葱较小，商品性差。

（1）育苗 春季可根据实际生产茬口适当晚播育苗。采用小垄密植栽培方法，一般行距30cm，株距5～6cm，每亩留苗3.5万～4万株苗。定植后田间管理技术可参照冬储大葱栽培进行。

（2）囤栽 初冬前大葱收获后成捆自然储藏。囤栽时在设施内开挖一定深度的畦沟，结合沟底松土、整平，施入少量农家肥。取出成捆干葱，摘除黄、老叶，密集排栽在畦沟内，四周用细土或细沙壅紧，然后浇透水1次。

（3）管理 密植后几天大葱发生新根，同时新叶开始抽出。新叶生长期间温度应控制在白天15～20℃，夜间8～10℃。新叶开始生长时浇水1次。之后的浇水量大小、浇水次数，应根据畦沟墒情、天气情况和植株长势而定。囤栽青葱一般无须追肥。

【提示】 囤栽青葱浇水须注意，晴天光照充足、温度较高、土壤蒸发量大时，浇水量可稍大；阴雪天、温度低时不宜浇水，以免水分过大引发沤根、烂根现象。

（4）采收 囤葱的收获期可灵活确定，一般当植株长出2～3片绿叶时花薹抽出，在花薹基本抽出、变硬，失去商品价值之前可随时采收上市。

第八章
分葱高效栽培技术

分葱是栽培葱种的一个变种，多年生草本植物，其碳水化合物、蛋白质、维生素C和磷素的含量较高，具有特殊的辛香味，具有增进食欲、防止心血管病的作用，是家庭常备的餐饮佐料。

分葱按分蘖数多少、开花与否及地理分布可分为北方型分葱（图8-1）和南方型分葱两类。北方型分葱植株相对高大，多以种子繁殖，其栽培技术可参考普通大葱栽培技术。南方型分葱植株矮小，多以分株无性繁殖，部分开花结籽品种也可用种子繁殖。种子繁殖栽培的成本低，但生产周期长；分株繁殖栽培的成本高，但生产周期短，一般高产栽培宜采用分株繁苗。

图8-1　潍科2号北方型分葱

分葱在我国南方地区种植的面积较大，如江苏、浙江、江西、安徽、贵州、重庆、上海等地均有栽培，其栽培效益较高。本章主要介绍南方型分葱的露地高效栽培和保护地栽培技术。

第一节　分葱露地高效栽培技术

一　南方型分葱的特性与栽培要求

1. 分葱的植物学特征

分葱根系入土浅，无根毛。株高30～50cm，叶绿色，圆筒形，表面有蜡状物，中空，先端渐尖；花为伞形花序，小花白绿色，聚生成团，成熟时外被红色薄膜。植株分蘖性强，单株年分蘖可达20～30株，在长江流域不抽薹结实，也不形成地下鳞茎，无休眠期，以分株繁殖为主，一年四季均可种植，以管状叶和肥大假茎为收获产品。

2. 分葱的生物学特性

南方型分葱具有较强的分蘖性，从假茎基部短缩茎上发生分蘖，一般每株可形成20～30个分蘖，单蘖抽生3～4片筒状叶。很多品种不抽薹结籽，采用分株繁殖育苗。分葱具有越冬、越夏不休眠，地上部不枯死的特性，南方地区一年四季均可栽培。分葱喜凉耐寒，适宜生长的温度范围为12～23℃，在25℃以上高温和强光下，植株老化速度加快，产量和品质下降。在5℃以下环境生长缓慢，枯黄叶增加。春秋季植株生长旺盛，盛发分蘖。在沙土、黏土中均可正常生长发育，土壤适应性广，但以有机质丰富的沙质壤土为佳，适宜的土壤pH为6.8～7.5。

【注意】　分葱根系入土较浅，不耐旱、涝，因此在水肥管理上要求用于栽培葱的土壤保持湿润，浇、排灌及日照条件好。施肥应以施足有机肥，重施氮肥，增施钾肥为基本原则。

二 分葱的高效栽培技术

1. 品种选择

根据各地分葱生产习惯和市场需求，目前分葱品种选择多以各地方品种为主。如江苏兴化的种植品种为垛田分葱和四季米葱；安徽阜南则以青皮分葱和黄皮分葱 2 个地方品种为主；贵州威宁则以种植本地的威宁分葱为主。

【注意】 分葱品种选择应以优质、高产、抗寒、耐热性强的品种为宜。目前，表现较好的地方品种有兴化分葱、四季米葱、青岛分葱、天津分葱、高脚黄分葱等。对引进品种应坚持先少量示范后大面积推广的原则。

2. 常见茬口安排

分葱一年四季均可栽培，但以春秋季栽培为主，在 7～8 月高温环境下的栽培效果不佳。但随着设施栽培的发展及间（套）作技术的推广应用，分葱越夏栽培面积在不断扩大。此外，分葱不耐连作，因此将它与其他大田作物轮作栽培的现象在各地也较为常见，比如重庆开县的“分葱-稻-分葱”“分葱-玉米-分葱”等。分葱生产常见茬口安排见表 8-1。

表 8-1 分葱茬口安排表

茬口	移栽时间	栽培模式	收获适期
春葱	11 月～第二年 2 月	地膜覆盖	4 月初～5 月中下旬
伏葱	5～6 月	遮阳网覆盖栽培或与高秆作物间（套）作	供应伏缺市场，也可作越夏保种苗，用于秋季定植
秋葱	8～9 月	行间覆盖秸秆降温保湿	10 月中下旬～第二年 1 月初

3. 培育壮苗

（1）播种育苗或种苗繁育 采用种子繁殖育苗时，应选择分蘖力强、香味浓、叶色深绿、抗病、耐寒、耐旱的优良单株作留种母株，待开花结籽后采收饱满种子作为繁殖用种。采用分株繁殖育苗时，应选择分蘖力强、生长健壮、综合性状表现较好的株丛作为种苗。

（2）苗圃地的选择与整理 选择背风向阳、土层深厚、土质疏松、保水保肥力强、平整而且又不积水的地块作为苗床，播种前进行苗床消毒。苗床宽一般为1.5m，长度可根据地块形状和所需面积而定。

（3）适期播种或栽植 秋季露地栽培一般在8月中旬~9月中旬陆续播种或栽植，春季露地栽培一般在2月下旬~3月陆续播种或栽植。

【注意】 我国的分葱栽培区域广阔，各地播种、栽植时间不一，生产上的播种适期或栽植适期应根据本地实际情况确定。

（4）苗床管理 对苗床基施腐熟的优质农家肥2000~2500kg/亩和三元复合肥20kg/亩，翻土拌匀并浇足水，待水下渗后即可播种。条播或撒播均可，播后覆细土0.5cm。当苗期日照强烈时可盖遮阳网，根据墒情及时浇水。当幼苗出土长至2~3cm时拔除杂草，间除弱苗，随水冲施沼液肥200kg/亩；当幼苗高为10cm时可叶面喷施0.2%的尿素或磷酸二氢钾溶液；当苗高为25cm左右时便可移栽大田。移栽前2天对苗床浇水1次，以便于取苗，取苗时避免损伤种苗根系和葱叶。

【提示】 分葱移栽壮苗的标准为株高25cm左右，5~6片绿叶，假茎粗1.0cm以上。

4. 大田栽培技术

（1）地块选择 分葱移栽应选择地势平坦，土壤肥沃，灌、排水条件好的地块。分葱不宜多年连作，一般在栽植1~2年后与大豆、玉米或其他非百合科蔬菜作物进行换茬栽培。

(2) 整地施肥 移栽前翻耕施肥，基施熟厩肥或粪肥2000～2500kg/亩、香葱专用肥25～35kg/亩或三元复合肥50kg/亩。施肥后混匀耙平做畦，畦宽200～250cm，沟宽40cm、深15～20cm。或者施肥后封闭7天，然后精整细耙，起垄栽培也可。

【注意】 结合施用农家肥可按平均每亩用肥量拌入3%的辛硫磷颗粒剂3kg及50%多菌灵可湿性粉剂300倍液50kg，用于防治地下害虫蛴螬、蝼蛄、葱蛆和部分病害。

(3) 移栽 移栽适期应根据各地茬口安排确定。移栽前将分葱母株挖出，剪掉过长的须根，理顺分蘖茎盘和须根，掰开株丛移栽。采用种子繁殖种苗时，在植株高为25cm左右即可移栽，定植深度15cm，株行距以10cm×15cm为宜，每丛3株左右。若用分株繁殖移栽，定植深度一般为20cm，株行距以15cm×15cm为宜，每丛3株左右。栽后及时浇透水，并保持土壤湿润。

(4) 肥水管理 葱株缓苗后应及时冲施沼液肥200kg/亩或随水冲施尿素5kg/亩作为促蘖肥，并结合中耕拔除杂草。之后一般每15天左右追肥1次，每次施尿素5～8kg/亩、钾肥4～5kg/亩。将施肥与浇水同时进行，保持土壤湿润。在收获前15～20天冲施尿素15kg/亩，以延缓叶片衰老，促植株嫩绿。

【注意】 因移栽初期分蘖吸收水肥的能力相对较弱，不耐高肥和旱涝，在田间水肥管理上应把握少量、勤施的原则。

(5) 病虫草害的防治 分葱病害主要有锈病、软腐病、霜霉病、紫斑病等，虫害主要有斜纹夜蛾、棉铃虫、葱蓟马、斑潜蝇、葱蝇等，具体诊断和防治技术可参考大葱病虫害诊断与防治一章。

杂草防除可采用人工除草结合化学防除的方法进行。在移栽前，可用施田补、乙草胺进行土壤处理，防治杂草，在分葱生长期间采用精稳杀得、禾草克防除禾本科杂草。

【注意】 分葱对除草剂较为敏感，与同科韭菜存在差异，采用化学防除杂草时应严格根据药剂说明书进行操作，并宜在先做小面积防效和危害试验的基础上进行大面积化学除草，以免造成药害引发生产损失。

(6) 富硒分葱的生产技术 硒是人体不可缺少的微量元素之一，具有提高人体免疫力、延缓衰老等保健功效，富硒蔬菜的生产近年来日益受到重视。

分葱富硒生产是在分葱生长发育过程中，叶面喷施粮油型锌硒葆或根施纳米硒植物营养剂（主要成分为亚硒酸钠）等，通过分葱的生理生化反应，将无机硒吸入植株体内，并转化为有机硒富集在分葱植株中，经检测其硒含量≥0.01mg/kg的为富硒分葱。

目前硒肥的施用可采用根部冲施或叶面喷施等方法进行，具体方法参照产品说明书。

5. 采收和保鲜

栽后3~4个月，当分葱株丛繁茂时即可采收。采收前一天对田间适量浇水，采收时拔出葱株，抹去葱株上枯、黄、病叶，切除须根。根据市场要求，可将分葱进行速冻、脱水和保鲜加工。一般保鲜可用保鲜袋包装后一并装入纸箱内，置于温度为0~1℃、相对湿度为90%的环境条件下，可保鲜1~2个月。

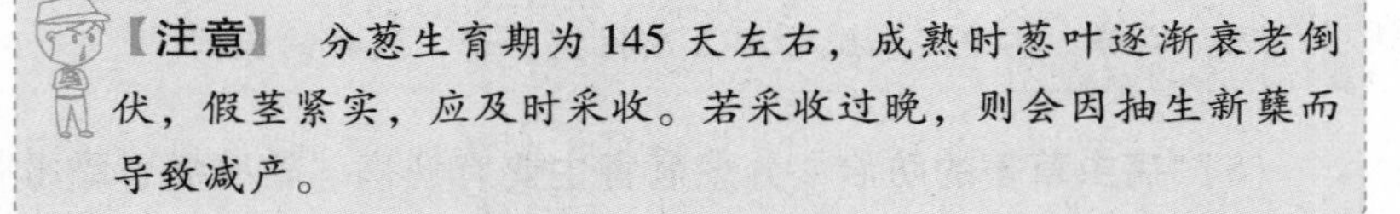

【注意】 分葱生育期为145天左右，成熟时葱叶逐渐衰老倒伏，假茎紧实，应及时采收。若采收过晚，则会因抽生新蘖而导致减产。

也可进行分批采收。一般在地上部分高达40cm时进行第一次采收，此时可每隔1丛取1丛或每丛取一半，采收时尽量不要损伤保留的植株。第一次采收结束后及时进行中耕除草，同时追施沼液肥1次或随水追施三元复合肥30kg/亩，30天后即可彻底清园采收上市。

第二节　分葱的大棚栽培技术

分葱的大棚栽培可有效避免因收获期集中，产品集中上市造成的分葱产品销售难、价格低等生产问题，可延迟至春节前将鲜葱上市，有助于分葱周年平衡供应，具有栽培设施简单、经济效益显著的特点，近年来在南方部分地区发展较为迅速。

对于种子繁殖的分葱大棚栽培可参考大葱的保护地栽培技术一章，确定茬口，播种育苗和定植。分株繁殖的分葱则需在冬春季和夏季进行2次繁苗，秋季移栽保护地生产，因此全年共需移栽3次。本节着重介绍分株繁殖分葱的大棚栽培技术。

1. 品种选择和繁苗技术

无性繁殖分葱需经2个生长阶段方可满足大田用苗需求，每个生长阶段繁苗与移栽田的比例均不同。生产中应选择分蘖力强、生长健壮、综合性状表现较好的株丛作为种苗。

（1）品种选择　品种选择可参考本章第一节进行。

（2）2次繁苗技术

1）第一次繁苗技术。

① 繁苗时间：12月上旬~第二年1月上旬。

② 生长期：140~150天。

③ 成苗比例：第一次繁苗栽植密度为1.6万~1.7万穴/亩，至第二次繁苗时，每穴可成苗10~15株，每亩成苗16万~25万株，可供二次分栽0.4~0.46公顷土地用苗，即第一次繁苗田与第二次繁苗田面积比例为1:(6~7)。

④ 地块选择和基肥施用：选择冬闲肥沃地块，结合整地每亩施用优质腐熟肥2000~2500kg、复合肥20kg作为基肥。

⑤ 分苗移栽：大田分苗，按垄宽100cm开沟起垄（或平作开沟），垄高10cm，沟宽20cm、深15~20cm，行距20cm，株距15~20cm，带水移栽到垄上，每穴2株，覆土3~4cm。

⑥ 田间管理措施：当葱株移栽缓苗后2~3天，追施沼液肥1次或随水冲施尿素5kg/亩作为促蘖肥。之后水肥齐攻，每隔12~

15天追肥1次，共追肥3次，每次追施尿素或磷酸二铵5～8kg/亩及硫酸钾4～5kg/亩。将施肥与浇水相结合，保持土壤湿润。进行化控促生根是在第一次追肥的同时，每亩分葱用2袋3%的萘乙酸溶液兑水40L（用量、用法详见说明书）均匀喷施，以促进分葱生根和尽早分蘖。分葱分蘖盛期应及时浇灌分蘖水，并及时进行人工和化学除草。

【提示】 第一次繁殖分葱移栽壮苗的标准为每穴可成苗10～15株，单株株高20cm，5～6片绿叶，假茎粗1.0cm以上。

2）第二次繁苗技术。

① 繁苗时间：第二年4月下旬～5月中旬。

② 生长期：100～120天。

③ 成苗比例：由于第二次繁苗恰好处于高温季节，不利于分葱生长，因此需降低栽植密度以利于田间管理和分葱的生长，密度以栽1.0万～1.3万穴/亩为宜。至大田移栽前，每穴可成苗8～10株，每亩成苗8万～13万株，可栽大田0.2～0.27公顷，即第二次繁苗田与大田生产田面积比例为1:(3～4)。

④ 地块选择和基肥施用：选择地势平坦、排灌方便、土层较厚、土壤肥沃的沙质壤土田块，结合整地每亩施用优质腐熟肥2000～2500kg、复合肥15kg、尿素5kg、磷酸二铵5kg作为基肥。

⑤ 分苗移栽：大田分苗，按垄宽50～60cm开沟起垄，垄高20cm，沟宽15～20cm，沟深15cm，行距25～30cm，株距20cm。将第一次繁殖的分葱苗带水移栽到垄上，每穴2株，覆土3～4cm。

⑥ 田间管理措施：当葱株移栽缓苗后2～3天，追施沼液肥1次或随水冲施尿素5kg/亩作为促蘖肥。之后水肥齐攻，每隔12～15天追肥1次，共追肥3次，每次追施尿素或磷酸二铵5～8kg/亩及硫酸钾4～5kg/亩。将施肥与浇水相结合，保持土壤湿润。分葱分蘖盛期遇高温干旱天气时需及时浇灌分蘖水，必要时遮盖遮

阳网，在多雨季节及时排除田间积水。化控促生根：结合第一次追肥，每亩分葱用3%的萘乙酸溶液两袋兑水40L（用量、用法详见说明书）均匀喷施，以促进分葱生根和尽早分蘖。分葱分蘖盛期应及时浇灌分蘖水。结合中耕及时进行人工和化学除草。

2. 大田管理技术

（1）移栽定植

1）定植适期：以8月上旬~9月中下旬定植为宜，具体时间可根据当地自然条件确定。一般选择地温稳定在30℃以下，空气湿度适宜，土壤墒情较好的晴天傍晚移栽。

【注意】 分葱定植时间不宜过早或过迟。若定植过早，生产田分葱群体增加太快，生产期内病虫害发生严重，影响产量和品质。若定植过晚，则第二次繁苗时间太长，苗田生长量太大，病虫严重，但大田生长期缩短，会推迟上市时间，使产量降低。

2）定植规格：分葱分蘖力强，大棚保护地栽培可适当增加密度以获高产。大田栽培垄宽100cm，垄高15cm，沟宽20cm，沟深15~20cm，定植深度13~15cm，按行株距20cm×15cm进行移栽定植，定植密度为1.7万~1.9万穴/亩，每穴2~3株。

（2）肥水管理

1）施肥。

① 基肥：结合整地每亩用优质腐熟肥2000~2500kg、三元复合肥50kg。

② 追肥：根据分葱的生长规律和需肥特点，分葱追肥应以速效氮肥为主，辅施钾肥。第一次追肥时间为分蘖盛期（即移栽后30天左右），随灌溉水追施尿素或磷酸二铵10kg/亩及硫酸钾5kg/亩。第二次追肥时间为扣棚前（10月底左右），可追尿素15kg/亩。为增强分葱抗性，改善品质，可在缓苗返青期和扣棚前各喷叶面微肥1次。此外，还可在移栽缓苗后叶面喷施萘乙酸溶液以化控技术促发根蘖和早熟。

2）水分管理。注意灌好“三水”，灌水应根据田间分葱生长的土壤墒情灵活掌握，在多雨天气要及时排除积水。

① 定植缓苗水：分葱定植时浇透缓苗水，在植株成活返青后，若遇干旱天气，可及时补水。

② 分蘖水：分葱分蘖进入旺盛时期应及时灌好分蘖时期生长水。

③ 延迟生长水：在分葱扣棚时浇好延迟水。

（3）预防高温危害 分葱的耐热性弱，大棚分葱在夏繁时一要注意洒水预防，二要搭棚覆盖遮阳网防止热害发生。

（4）防除杂草 将人工除草与化学除草相结合，以中耕和人工拔除为主，化学除草为辅。定植后至封垄前，结合浇水进行人工除草，以提高地温，增加土壤通透性，促根系发育。化学除草可在分葱生长期间，每亩施用禾草克6～10g兑水30～50L或15%精稳杀得30～50mL兑水40L，在行间喷雾防除禾本科杂草，药液勿溅在葱株上。但上述化学除草方法均需严格按照说明书进行操作，并先做试验确认防效和无害后方可大面积应用。

【注意】 种植密度较高、不宜中耕的地块，应及时拔除杂草，除杂草时用力不能过急过猛，以免损伤假茎和根系。

（5）病虫害防治 分葱病害主要有锈病、软腐病、霜霉病、紫斑病等，虫害主要有斜纹夜蛾、棉铃虫、葱蓟马、斑潜蝇、葱蝇等，具体诊断和防治技术参考大葱病虫害诊断与防治一章。

【注意】 大棚分葱病虫害主要发生在第二次繁苗期，第一次繁苗和大田生产期其病虫害发生相对较少，因此生产上应加强第二次繁苗期的病虫害无公害防治工作。

（6）扣大棚 分葱扣大棚是增产增效的关键，扣棚时间根据分葱上市时间而定。一般从10月上旬开始即可扣棚，在分葱扣棚初期，注意通风，若此时气温较高，可覆盖遮阳网防止热害发生，促进分葱生长。当后期棚室外平均温度低于5℃时，应及时用土封严大棚农膜，以利增温保湿，延长分葱生长期和鲜嫩度，满足市场需求。在水分管理上可于扣棚前结合第二次追肥浇水1次，扣棚后至采收前，一般不需要再浇水。大棚建造参见第七章大葱保护地栽培技术。

（7）采收和保鲜 参见本章第一节。

第九章
大葱的制种技术

大葱的种子寿命较短，一般储存条件下仅能保存1～2年，因此大葱制种是大葱生产中的重要环节。大葱制种包括常规种繁育和杂交种配制两类。目前，生产中选用的大葱品种多为地方常规种，因此生产者可自行留种，也可由种苗公司集中繁种，但在繁种过程中应按照提纯复壮的技术方法保持品种的纯度和种性。大葱杂交种制种属于雄性不育系三系或两系杂交制种，需更为严格的隔离和生产程序才能成功。

第一节　大葱常规良种的繁育技术

一　繁种方法

大葱良种繁育方法一般包括成株繁种和半成株繁种两种。

1. 成株繁种法

秋季播种或第二年春季播种育苗，夏季定植，秋季长成成株。成株越冬后第二年春天抽薹开花，初夏采收种子。该繁种方法由于大葱经历了成品葱的整个生育过程，因此品种的种性易于观察、选择和保持。但其缺点是繁种周期长、成本高、土地利用率低，因此该方法一般用于大葱原种的提纯复壮。

2. 半成株繁种法

夏季播种育苗，秋季长成半成株，自然越冬后第二年春天抽薹，夏初开花结实。该繁种方法由于大葱生育周期尚未完成，因此抽薹期和花期较成株延后，植株的商品性状也未完全体现，不利于去杂保纯和种性保持，因此该方法多用于生产种繁育。但该方法生产周期短，采用合理密植等技术方法每亩可采收葱种100kg左右，种子的产量基本等同于或超过成株的采种量，但其成本仅为成株繁种的1/5。大葱制种田如图9-1所示。

图9-1　大葱制种田

二　种子生产程序

大葱常规繁种可分为原原种、原种和生产用种三级繁种程序。基本过程是通过成株繁种法繁育原种，以半成株法繁育生产用种，从而保证了原种种性，又缩短了繁种周期，降低了种子成本。

三　繁种技术

原种繁育须采用成株采种，生产用种可采用半成株栽培制种以减少占地时间，提高制种效率。

（1）原种的培育选择技术

1）育苗。原种的培育选择可参照冬储大葱栽培技术进行。原种秋播制种，播期一般在白露至寒露之间（9～10月），春播育苗一般在清明前后（3月下旬～4月中旬）。选择土壤肥沃，排、灌水便利的地块作为苗圃，播前结合做畦施足底肥，以条播或撒播均可。播种量：秋播育苗每平方米不超过5g；春播育苗每平方米播量以3g为宜。播前用除草剂处理土壤防除杂草，播后地膜覆盖保墒提温。当幼苗长出2～3片真叶时结合浇水每亩追施磷酸二铵或尿素10～15kg，以促壮苗。同时及时防治猝倒病、霜霉病以及蓟马、斑潜蝇、葱蝇、蝼蛄等病虫害。

2）隔离。制种田应选择土壤肥沃，排、灌水便利的地块，且须具备较好的自然隔离条件，以防遗传病菌迁入。大葱制种主要的隔离方法有空间隔离、距离隔离和时间隔离三种。空间隔离可利用30目以上纱网整体罩住制种地块，以实现与外界花粉隔离的效果（图9-2）。距离隔离即制种地块2000m范围内无其他葱品种制种田。时间隔离即制种田开花授粉期与其他品种的开花授粉期错开。

图9-2　大葱网室隔离制种

3）适期定植。定植时间一般在第二年6月下旬～7月上旬，定植行距70cm，株距5～6cm。

4）田间管理。定植至立秋前属于大葱缓苗期，此期高温多湿，大葱生长缓慢。生产上应控制肥水，加强中耕松土，促根系发育，促进缓苗。同时注意加强雨后排水，防止田间积水。8月中旬之后种株进入发叶期，应根据田间墒情和苗情，加强肥水管理，可结合浇水每亩施入尿素 10～15kg、磷酸二铵 5～10kg 及硫酸钾 10～15kg。8 月上旬白露以后进入假茎盛长期，可结合施肥在葱行两侧培土 1～2 次，以培育健壮母株，防止倒伏。

5）去杂除劣。去杂除劣是保持原种种性的重要措施，应在大葱本品种生物学特性充分展现开始至开花前多次进行。

【提示】 优良种株选择的标准是假茎等主要经济性状保持原品种特性、植株健壮、假茎粗壮洁白、不分蘖、抽薹性一致。

具体方法：在生长盛期和开花期，根据叶色、株型、分蘖性、抗病性、开花习性选择具有本品种优良特性的优良单株。及时淘汰分蘖株、株型不符、抽薹过早或过晚、育性不佳、感病的单株。秋季收获，第二年春栽的还应在收获时再次对株高、叶形、叶数、叶身与叶鞘的比例，假茎的形状、长短、粗细、紧实度、外皮色泽及分蘖性等进行复选，入选的种株混合储藏待栽。

6）预防种株倒折。原种种株常因培土不足或刮风导致花茎折断或植株倒伏，结实期因种球质量增加尤易折断花茎，严重影响种子产量和质量。生产上可通过适时培土，抽薹后在大葱行两侧拉绳或两侧设置横竹竿固定葱行等措施防止花茎折断和植株倒伏。

7）采种。大葱花球顶部果实爆裂露出黑色种子时即可采收。采种前预先在制种田再进行一次彻底去杂。成熟期不一致的种球，可分批采收。采收宜在早晨和傍晚进行，以免种子散落。采种球时连带采收 8～10cm 花茎，以促种子后熟，提高发芽率。种球采收于网袋中并平铺置于通风阴凉处自然风干，风干后筛除花梗、种皮等杂质。当种子含水量为 9% 以下时达到安全储藏标准，可装袋密封入库低温保存。

（2）生产用种繁育技术

1）种植地块选择。为了降低种子生产成本，便于大批量生产制种，大葱生产用种一般在自然条件下进行制种。在制种地块的选择上应注意两个问题：因大葱是异花授粉植物中的自由授粉作物，所以首先应考虑地块隔离，一般采用距离隔离法，即以定植地块为中心，1000m 范围内不应与其他同类作物混种，以防杂保纯；其次，应选择 3 年以上未种植葱蒜类作物、地力较好、管理方便的地块。

2）育苗。采用半成株制种，种株花芽分化前的营养体大小直接影响花球和种球的大小，一定范围内的营养体越大种子产量越高。因此半成株制种法的播期应掌握宁早勿晚的原则，适时早播是培育大种株获得种子高产的关键，并可显著提高种子产量和质量。播种一般在麦收后，6 月中下旬 ~7 月中旬进行。

【提示】 大葱半成株的标准为长白大葱半成株一般指花芽分化时已抽出叶片 14 ~ 24 片，花芽分化前日均温高于 7℃的有效生长天数 100 ~ 180 天。

结合整地做畦施足底肥，一般每亩施入腐熟的土杂肥 4000 ~ 5000kg 和三元复合肥 30 ~ 50kg，不宜单施氮肥。整地后采用 33% 二甲戊灵乳油除草剂处理土壤，以防除杂草。

育苗采用条播或撒播均可。夏播气温高时，出苗较快，苗期应保持土壤湿润，当苗长至 2 ~ 3 片真叶时及时间苗，间密补稀，保持单株较大营养面积。留苗密度与播种期及肥水条件有关。播种早的生长期长、苗大，留苗应稀，播种晚的留苗宜密。一般在 6 月中下旬播种的每亩留苗 8 万 ~ 10 万株，7 月中旬播种的每亩留苗 10 万 ~ 12 万株。

苗期应加强田间管理，及时浇水追肥和防治病虫害，促苗健壮。一般可根据田间实际情况，于 3 叶期和旺盛生长期追肥 1 ~ 2 次。可结合浇水每亩追施速效氮肥 10kg，速效磷肥 10kg 及速效钾肥 15kg。定植前 10～15 天停止浇水，蹲苗促壮。定植前 2 天浇小水 1 次，以利起苗。

3）定植。

① 地块选择。以选择排灌便利、土质肥沃的微碱性土或中性壤土，且 3 年内未种植葱蒜类作物的地块为宜。大葱是异花授粉作物，为防止自然杂交，生产用种时一般要求不同品种的制种田应空间隔离 1000m 以上或充分利用村庄、树林等天然屏障隔离。

② 整地施肥。可利用秋玉米、花生等下茬地块作为定植田。前茬收获后应及时翻耕，促土壤熟化。结合整地每亩施入优质土杂肥 5000kg，沟施氮磷钾复合肥 50～100kg。同时施入辛硫磷 3kg/亩，以防葱蝇若虫。

③ 定植适期。大葱属典型的绿体春化作物，越冬前当采种株长到一定大小的营养体时才能感受低温通过春化阶段，第二年长日照条件下抽薹开花。因此，秋季定植时期宜早不宜迟，一般以 8 月下旬～9 月中旬为宜。此期定植，一般冬前长出 6～7 条新根，这样对种株越冬和春季抽薹有利。春季栽植也宜早不宜晚，一般在土壤刚解冻时即可栽植。

有的地区种株不移栽，留在原畦直接采种，称“懒葱”采种。此法省工、省时，因无移栽伤根，可缩短生长期 15～20 天。种株生长盛期的有效根数、同化面积和种子成熟期的生物学产量都比秋冬移栽和春季移栽的大，单位面积采种量比秋冬栽植和春栽的都高。但是懒葱采种种株根系浅，不便于培土，后期花薹易倒伏，产量不稳定。尤其是不便于根据品种特性进行选优去劣，会影响其种性。

④ 定植密度。大葱半成株采种以亩留苗 7 万～9 万株为宜，低于 4.5 万株或高于 12 万株的则产种量大幅下降。因此生产上以行距 22～25cm，株距 5～7cm，根据地力和不同品种亩留苗 6 万～7 万株为宜。

⑤ 定植方法。可采用窄行开浅沟法定植，沟深 15cm。采用摆栽法或插栽法均可。

【注意】 大葱种株栽植，一般都是在栽植前适当清理植株上的枯叶和枯根，然后直接栽植。有的地区为了栽植后易抽生花薹，在冬季储存种株，春季定植前进行母株处理：将假茎的顶部切除1/3，须根剪短1/2，章丘大葱等长假茎类型的品种保留基部假茎20~25cm，鸡腿葱类型的品种保留基部假茎13~20cm。栽植时，沟栽的先在沟内浇水，然后插葱、覆土。也可以先干栽，然后浇水。栽植密度以植株大小而定，成株采种的适当深栽，半成株采种的适当浅栽。一般栽植深度为10~15cm，露出假茎5~10cm。

4）采种田管理。

① 大葱的花芽分化过程。大葱从3~4片真叶开始，感应0~7℃低温约14天通过春化。以陕西关中为例，大葱花芽分化大约从10月中下旬开始，11~12月分化很快，1~2月形成花被、雄蕊和雌蕊，3月形成花粉，4月花粉粒成熟。3月中旬~4月中旬为抽薹期，所以3月底以前的管理直接关系到小花数的多少，3月底以后的管理关系到有效花数的多少和种子充实度。

② 越冬前管理。缓苗后结合中耕除草适当培土1次，促新根下扎。土壤封冻前浇封冻水1次，浇水后数日可在田间铺施腐熟圈肥，并适当培土，以利种苗越冬。

③ 越冬后管理。春季土壤化冻后及时中耕封土。返青后应注意及时将假茎外层干叶鞘剥开，以免外层叶鞘失水紧固，阻碍新叶和花薹抽生发育。不剥外层叶鞘的花茎，花薹上粗下细，易被风吹断。

进入返青期后植株进入旺盛生长阶段，应及时浇返青水1次，每亩结合浇水施复合肥30~50kg，加强中耕松土促进增温、保墒。进入抽薹开花期后，田间浇水应把握“干花湿籽”的原则，即抽薹期适当控制灌水，以防花薹徒长倒伏。抽薹后，种株侧芽抽生花茎的应及时摘除，以集中营养，促花薹生长和种子饱满。开花盛期和种子灌浆期需肥水量最大，应加强水分管理，保持土壤湿润，保证灌浆水分需求。

【提示】 大葱开花灌浆期灌水应选晴天无风的天气进行，以防灌水后花薹遇大风倒伏。

花薹抽生期至花蕾膨大期，应结合拉绳或插支架进行培土，以防花薹高而细弱导致后期倒伏。并结合培土再追施1次氮肥和钾肥，每亩施尿素10kg和硫酸钾10kg，促进种子发育。种子成熟期应减少灌水量和灌水次数，以利于种子成熟。

【提示】 种株抽薹开花期追肥应根据土壤地力、需肥量和肥料利用率决定。据测定，从返青期开始计算，每生产50kg种子，成株采种须吸收氮5kg、磷0.75kg、钾4.25kg。

④ 放蜂或人工授粉。大葱大面积繁种影响种子产量的重要因素之一是传粉昆虫少，授粉不良，结实率低。有条件的地区可于花期放蜂授粉，每1～2亩地配置1箱雄蜂或蜜蜂可促增产20%以上。昆虫授粉不足时，可用鸡毛掸或手工进行人工授粉。用手辅助授粉时一手扶住花球基部，用另一只手的掌心轻柔抚摸花球有花粉的部位和雌蕊，上下左右1～2次，每3～4天进行1次，一般需进行4～5次。授粉时间应选晴天上午9：30～下午3：30为宜。中午气温偏高时可暂停2h。

⑤ 适当补充硼素。花期喷施硼肥可提高大葱结实率，增加千粒重，一般可增产15%～20%。方法是从始花期（4月上中旬）开始至终花期（5月中下旬）叶面喷施0.1%硼砂溶液，每5～7天1次，连喷3～4次。

⑥ 拉绳或插支架固定种株。为了防止花薹倒伏，抽薹期应在葱行两侧设立简易支架或拉绳。可于抽薹后花蕾膨大前，在种株两侧顺行每隔1～1.5m竖插一短竹竿，再用横杆或拉绳将竖杆连在一起，形成栅栏，每两排栅栏用短横杆拉在一起，将

花茎从两侧夹在栅栏中间，横杆放在花蕾下面的位置，不要离花蕾太远。

⑦ 种子收获。北方地区大葱种子一般在5月下旬~6月上中旬成熟。大葱同一花序花期为15~20天，开花后40天左右种子成熟。但大葱不同植株的种子成熟期不一致，同一种球上下部种子的成熟期也会相差8~10天。为保证种子成熟度一致，提高成熟种子的收获率，应随种子成熟分期分批采收，一般不同植株的种子应分2~3次采收，同一花序的种子也宜分两次采收。华北地区进入5月下旬，当花蕾上部蒴果开裂露出黑色种子时即可进行分期收获。收获时，先用剪刀将顶部成熟种子剪下晾晒，待种球底下种子变黑后即可全部采收。采收时间以早晨和傍晚为宜。

种子采收后，由于去掉了顶端优势，侧芽葱迅速生长，很快抽出花茎、现蕾、结籽，但这种种子易引起种性退化、减产，不宜采用。收获后的种球放于通风干燥的阴凉处阴干后熟几天后，再晾晒4~5天后脱粒，有利于增加千粒重。晾晒种球时应放于篷布或草席之上，严禁在水泥、沥青路面、铁板、塑料布上暴晒，以防地面高温烫伤种子，降低发芽率。脱粒去杂后的种子用布袋盛放置低温干燥处储藏，注意防潮、防热。常温下不可用铁桶、塑料袋盛放，以免妨碍种子呼吸而降低发芽率。种子袋上要贴标签，注明产品名称、产地、生产时间等。半成株采种一般每亩产葱籽50~60kg，高产田可达100kg。

5）种子储存。安全储存大葱种子的环境条件是干燥和低温。温度越高越要干燥，湿度比温度的影响大。种子含水量保持在9%左右，储存库温度0℃左右，相对湿度不高于50%是长期安全储存的环境。

大葱种子在常温下储存，从采收开始，生活力逐渐降低，特别是当环境湿度大和种子含水量高时种子内胚乳中的淀粉消耗更快，是种子生活力受影响的主要原因。一般当年收获大葱种子的发芽率为90%以上，经一个夏季后种子发芽率可降到50%左右，储存两年以上的种子基本丧失发芽能力。

另外，储藏环境还需密闭、黑暗、无病虫。在常温下储存大葱种子的，先进行晾晒，使种子含水量降到9%左右。用大缸储存的，上面盖两层牛皮纸，纸上铺一层石灰，大缸口用塑料薄膜封严，可保持较高的发芽率。

也可用专门的蔬菜种子保存仓库储存：相对湿度30%，温度为-20℃，空气中含氧量少，二氧化碳多，室内黑暗，无光照，无辐射损害，种子含水量4%～6%，地面平滑，便于清扫和消毒。

第二节 大葱杂交种（F1）的制种技术

大葱的优势杂交是实现大葱高产稳产的重要途径。大葱杂种一代（F1）的产量、品质、抗性以及整齐度均可表现明显的杂种优势。利用大葱雄性不育两系或三系配制优势杂交种并进行大面积推广是今后大葱制种的发展方向。

一 利用大葱雄性不育系生产杂交种（F1）的程序

利用大葱雄性不育系生产杂交种需要建立2个繁育区，即不育系繁育区和杂交种（F1）制种区。大葱是以营养体为收获器官，不以籽实为产品，因此其保持系和恢复系均可作为父本。利用大葱雄性不育系生产杂交种可在不育系繁育区或F1制种区一并繁育，不必专设繁育区。

二 杂交种（F1）的亲本繁育

亲本的繁育必须采用成株采种，每代都必须进行严格的去杂去劣，防止种性退化和变异。

1. 不育系（A系）的繁育

A系不育性的保持是由其保持系（B系）作为轮回亲本回交完成，因此不育系的繁育有两个亲本即A系和B系。A系和B系花序如图9-3所示。

图 9-3　大葱雄性不育系和保持系花序

(1) 育苗　A 系和 B 系在育苗时必须分开播种，避免机械混杂，二者用种量（或播种面积）的比例应在 2:1 左右。

秋播或春播育苗均可，出芽率 85% 的种子每平方米的播种量为：秋播不应超过 4g；春播不应超过 2.5g。播期及苗期其他管理措施与常规采种田基本一致。

(2) 定植　秋播苗定植时间一般在第二年 6 月中旬~7 月上旬。定植行距 60cm 左右，株距 5~6cm，A 系和 B 系的定植行数比为 2:1，即 2 垄 A 系，1 垄 B 系相间定植。如果 B 系的花粉量少，还应缩小定植行数比；如果 B 系的花粉量大，可扩大定植行数比。定植后的田间管理同常规采种田。

(3) 隔离　A 系的繁育田必须进行严格的隔离，以防止外来花粉污染。其隔离措施有以下几个方面。

1）地理隔离。隔离距离应在 2000m 以上。

2）网室隔离。沙网网目应在 30 目以上（图 9-4）。

图 9-4　网室隔离

3）时间隔离。在冬季利用日光温室繁育亲本，无外来花粉污染，其隔离效果好，还可加代繁殖，缺点是种子量稍低，须人工或放蜂辅助授粉，成本较高。

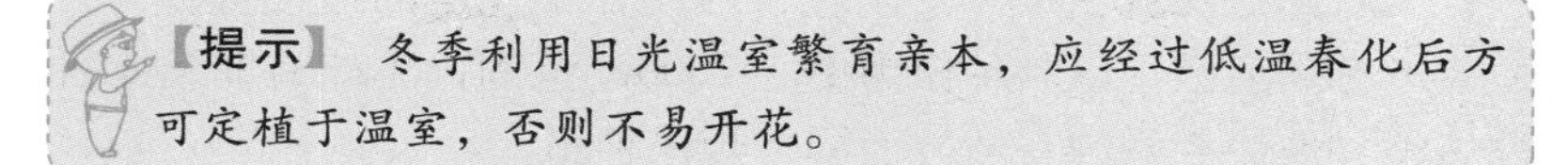
【提示】 冬季利用日光温室繁育亲本，应经过低温春化后方可定植于温室，否则不易开花。

（4）去杂除劣 去杂除劣是保持亲本种性的重要措施之一，种株开花以前应进行多次。其内容主要有株型不符、病株、育性不符、抽薹过早或过晚、生殖性状不佳等。

（5）人工授粉 网室内和冬季温室内没有传粉媒介，必须进行细致的人工授粉。最好 1 天授 1 次粉，间隔时间最多不能超过 2 天，授粉可用手掌（或戴线手套）轻轻触摸花球，在 A 系和 B 系间交替进行。或温室放蜂授粉。在室外的繁种田，传粉昆虫少时或阴天、大风天也应进行人工辅助授粉。

（6）种子采收 种球顶端种果开裂面积有 5 分钱硬币大小时应分期分批进行采收。采收时，A 系和 B 系必须分别收获种球、单独存放后熟、单独脱粒、单独储藏，做好标记，严防机械混杂。

2. 父本系的繁育

父本系的繁育可采用 2 条途径：一是专门繁育父本系，隔离自交采种；二是结合杂交种（F1）制种，父本单收，作为第二年制种用。但是第二种方法繁育父本系不能连续多代进行，应与第一种方法交替进行，因为半成株制种田内，父本由于是半成株，不利选择，种性容易退化。杂交种的亲本（不育系和父本系）无须年年繁育，如果条件允许，可一年繁多年制种用。大葱种子寿命短，种子储藏条件必须按种子生态条件要求严格控制。

三 杂交种（F1）的制种技术

生产配合力高的杂交种（F1）是杂种优势利用的关键环节之一，不但要求杂交种的目标性状有明显的杂种优势，而且要求有充足的种子供应量。

1. 隔离与地块选择

杂交种（F1）生产，为了降低种子生产成本，便于大量生产，一般都是在自然条件下制种，因此种子生产的地块选择，首先要考虑隔离区，以制种田为中心2000m范围内不能有非父本种株采种，地块选择的其他方面同常规采种田。

2. 育苗

大葱杂交种（F1）的种子生产，一般采用半成株制种。育苗播种时间不宜过晚，一般应在6月中下旬进行。每亩杂交种不育系和父本系的用种量分别为150～200g和150g，不育系和父本系要分别播种，严禁机械混杂。其他技术措施同不育系和父本系的繁育。

3. 定植

半成株制种要合理密植方能高产，定植行距40～50cm，株距3～4cm，父母本的面积比例配置一般为1∶3，株数配置为2∶3，即父本行可栽双行，小行距10cm左右，母本（不育系）和父本系相间定植。

【注意】 大葱杂交种制种要根据父本花粉量的多少合理配置父母本比例。在花粉量够用的情况下，尽量扩大母本行比例，同时也要在有限的父本行比例中，合理增加父本株数，增加花粉供应量。待花期结束后，拔除父本种株，以防机械混杂，如果父本行要采种也可不拔除，但收种时必须单收、单放、单打、单储，准确标记，严禁混杂。在不育系（A系）上收到的种子就是杂交种（F1）。

制种田的病虫害防治、其他田间管理和种子收获等参照常规种采种技术。

第十章
大葱的储藏保鲜和加工技术

大葱生产具有集中上市的特点，因此大葱收获后的储藏和加工也是生产上的必要环节，可有效延长产品供应期，提升大葱产品附加值。

第一节　大葱的储藏保鲜技术

一　大葱的自然储藏保鲜技术

1. 影响大葱耐储性的主要因素

（1）温度　大葱极其耐寒，可忍受 -30℃低温。因此，大葱在干燥条件下，自然冻藏即可安全储藏越冬。其适宜储藏温度为 -1 ~0℃，相对湿度为 80% ~85% 。

（2）收获时期　适时收获是大葱安全储藏的关键。若收获过晚，养分易向假茎基部转移，使假茎中空，食用品质下降。若收获过早，其成熟度不够，产量低，储藏损耗大。

2. 储藏方法

大葱收获后应置于高温干燥和通风良好的环境下，促管叶干燥，待气温下降后冻藏。

（1）窖藏法　将收获后的大葱放于地面晾晒，待假茎表层呈半干状态时，去除根系泥土，将葱扎成重为 5 ~10kg 的葱捆，竖排堆放于干燥、通风处阴干或太阳晾干，每半月检查 1 次，以防葱捆腐烂。当冬天气温下降至0℃时，将葱捆移入地窖储藏。储藏期间，应定期抽检葱捆，及时剔除发热、腐烂的葱。如果大葱有发潮现象，可及时通风调节或将葱捆搬到日光下摊晒，然后再入窖继续储藏。

（2）沟储法 大葱收获后，在阳光下就地晾晒数小时后，去除表层泥土，扎成重5～10kg的葱捆。然后在通风处堆放5～7天，使大葱的外皮充分阴干。选择背阴通风处挖沟，沟深30cm左右，沟宽100～150cm。沟内浇透水1次，待水全部渗下后，将葱竖排放入沟内，使后一捆葱的叶子盖于前捆上部，最好再用30～35cm长的玉米秆靠葱周围扎一圈，以利通风散热，用土埋严假茎部分。在严寒到来之前，用草帘或秸秆稍加覆盖即可，此法可将大葱储藏到第二年3月。

（3）埋藏法 把经晾晒、挑选、捆把的大葱，放在背阴的墙角或冷凉室内，地上铺一层湿土，葱的四周用湿土培埋至葱叶处。若在室外埋藏，在严寒来临前可加盖草毡，以防受冻。此法与沟藏法原理相同，但无须挖沟，室内外均可采用。

（4）干藏法 将适期收获的大葱晾晒2～3天，去除泥土，待七成干时，扎成重为1kg左右的葱把，根向下竖放在干燥通风处，一般选择墙北侧或房屋后墙外。储藏期间如果遇到雨雪天气，应及时用塑料薄膜覆盖，以防葱堆中积水发热引发烂葱。雨雪过后应及时揭开通风。

（5）架藏法 用竹竿或木棍搭成2～3m高的储藏架，50cm为一层，每架4～6层。经过晾晒、选好的大葱捆成重为5～10kg的葱捆，单层排放在储藏架上。若是堆放，则需要留出通风口，以利通风透气，避免腐烂变质。此法通风透气好，但失水损耗多。

（6）空心垛藏法 在地势高、平坦、排水方便的地方架设30～40cm高的垛基，把经过储前处理捆好的大葱，根向外叶向内垛成空心圆垛。为保持稳定不倒塌，每垛达70～80cm高时，可横竖相间放几根小竹竿。一直垛到 2 ~ 3m 高。垛顶覆盖苇席或草苫，防止雨淋导致腐烂变质。

（7）假植储藏法 在院内或地里挖 1 个浅平底坑，将收获的大葱除去伤、病株，捆成小捆假植在坑里，用土埋住葱根和假茎部分。埋好后大水浇灌，促新根萌发，减缓葱叶干枯，延长保鲜时间。

（8）冻储法 大葱采收后，在田间晾晒数日，当叶片萎蔫后扎成小捆，放于空房内或室外阴凉、干燥处，不加任何保温设施，任其自然冷冻，待天气回暖后大葱自然解冻。

【提示】 大葱冻储不怕"冻"就怕"动"，因此在冰冻期间切勿随意搬动，以免化冻后引发腐烂。

（9）短期保鲜法 在阴凉靠墙的地方挖一个 20cm 深的平底坑，坑底放 0. 3cm 厚的沙子，坑的四周用砖围住。大葱收获后，先向坑内浇灌 6 ~ 7cm 深的水，待水渗下，立即将葱放入坑内，每隔 3 ~ 4 天从坑的四角内浇适量水，此法可保鲜 1 个月左右。

二 大葱的恒温库储藏保鲜技术

大葱自然储存存在失水严重、损耗率大等缺点。有条件的地方可以建恒温库，通过调节大葱的储藏温、湿度和抑制大葱的呼吸活动，达到长期的存放大葱的目的。

1. 预储

大葱采收后，于田间或阴凉通风处进行晾晒或阴干，当叶鞘外表层组织干燥后，移入冷库储藏。在此之前，可以在阴凉干燥处进行预储，一定要避免雨淋。当外界温度降至 0℃时，入冷库预冷储藏。

2. 预冷

挑选无机械伤、完好的大葱，放在冷库架上，摊开预冷，库温为 0 ~ 1℃，厚度不可超过 30cm。

3. 储藏

当大葱温度降到0℃，采用0.03mm的PVC（打8个孔，直径为1cm）防结露保鲜膜包裹，使根部和叶子露出，温度控制在-1~0℃，相对湿度80%~85%。为了防止储藏过程中腐烂，每月用烟熏剂熏蒸处理1次。用此法可将大葱储藏至第二年4~5月。

第二节　大葱制品加工技术

一　大葱保鲜制品加工技术

大葱的保鲜制品加工主要包括保鲜大葱和速冻葱花两类。

1. 保鲜大葱的加工

（1）工艺流程　收购→运输→切根→修整→擦洗→分级→包装→预冷。

（2）操作要点

1）收购。选择组织鲜嫩、质地良好、无病虫害、无机械损伤、无病斑、无霉烂的大葱。收购后的大葱放入阴凉处，当天收购当天加工。

2）运输。大葱收货运输时应避免机械损伤，防止假茎折断及叶片破裂。大葱挖出后，去除泥土，用塑料袋打捆。运输时于车厢直立单层运输，切忌于车厢中摆双层或多层，否则易伤葱叶。大葱收获后应立即加工。

3）切根。切去根毛要用锋利的刀片快切，但是注意根盘不能全部切去。

4）修整。去除多余叶片，用气压剥皮枪从大葱杈档部将皮剥开，剩内3叶。

5）擦洗。用干净纱布擦去大葱上的泥土。

6）分级。按直径和假茎长分为三级，即L级：直径2cm以上，假茎长30cm以上，叶长25cm；M级：直径1.5cm以上2cm以下，假茎30cm以上，叶长20cm；S级：直径1cm以上1.5cm

以下，假茎长 25cm 以上，叶长 20cm。也有的不分级，直径 1.8 ~ 2.5cm，假茎长 35 ~ 45cm，全为合格，沿切板上的标准刻痕，将过长叶片按规格要求切去。

7）包装。用符合国际卫生标准的材料捆扎。一般每 330g 大葱扎为 1 束。每 15 束为一箱（长 × 宽 × 高为 58cm × 15cm × 10cm）。也有的直接装箱，规格为 5kg 装的纸箱（长 × 宽 × 高为 60cm × 25cm × 10cm）或 4kg 装的纸箱（长 × 宽 × 高为 58.5cm × 20cm × 10cm）。

8）预冷。将大葱入库彻底预冷，温度设定为 2℃，装运集装箱时温度设定为 1 ~ 2℃。

2. 速冻葱花

（1）工艺流程 原料处理→清洗→切割→脱水速冻→包装→检验。

（2）操作要点

1）原料处理。挑选白长叶绿，无白斑，无干尖，无烂、破叶的大葱。

2）清洗切割。用凉水将葱上夹带的泥沙、异杂物洗掉，切后再清洗淘沙。然后进行切割，根据客户的要求确定切割规格。

3）脱水速冻。速冻前应把水脱净，防止速冻时结块。速冻温度在 －35℃ 左右，冷冻 30 ~ 40min，使成品中心温度达到 －15℃ 以下。

4）包装。包装间的温度应在 0 ~ 5℃，塑料袋封口要严密平整，不开口、不破裂，纸箱标明品名、生产厂代号、生产日期、批准号，做到外包装美观牢固，标记清晰、整洁。

5）检验。检验的卫生指标为细菌总数≤10000 个/g，大肠杆菌数≤3 个/g，沙门氏菌阴性，金黄色葡萄球菌阴性。

二 大葱干制品加工技术

1. 脱水大葱

（1）加工原理 在不破坏大葱所含的营养成分和保持其原有

的白、绿颜色前提下，通过干燥脱水的方法来提高大葱中所含的可溶性物质的浓度使其达到不能被微生物利用的程度，同时干制过程也使大葱本身酶的活性受到抑制，保持白绿颜色，以达到长期保存的目的。

（2）加工技术关键

1）抑制酶的活性。在脱水大葱的加工过程中，最易发生的问题是产品酶促褐变，另外大葱中含有蛋白质、氨基酸、糖等多种营养成分，在加工中也易发生褐变。为了保证产品质量，使脱水葱保持原有的白、绿色泽，可采用还原剂处理法，此法既能抑制酶的活性，又有驱氧的作用，并且处理时间短，效果比较理想，处理后的产品具有新鲜大葱的色泽和浓郁的葱香味，复水性好。

2）合理控制温度。合理选择大葱烘干温度是脱水大葱生产的另一关键。温度过高或过低均无法保证产品质量。适宜的烘制条件是60～70℃，时间7～8h，此环境下脱水效果良好。

（3）工艺流程 大葱→去皮、根→清洗→切段→处理→漂洗、沥水→摊盘→烘制→脱水葱产品。

（4）操作要点

1）原料：鲜大葱。

2）整理：将收获后的大葱去外皮、黄叶与根，洗去泥土。

3）切段：将整理好的大葱切成1～2cm的段，为了干燥均可把茎叶分开，分装烘盘。

4）清洗：将切好的葱段处理，待0.5h后进行清洗，以保证产品质量。

5）烘制：将清洗好的葱于离心机中把表面水分去掉，然后摊盘烘制。

6）装箱：烘制出的脱水葱进行挑选装箱。

2. 葱粉、葱盐

（1）工艺流程

1）葱粉：脱水大葱→粉碎→过筛→精制→包装→葱粉。

2）葱盐：脱水大葱→粉碎→过筛→调配（加辅料）→包装→葱盐。

（2）操作要点 葱粉、葱盐的制作：将脱水葱粉碎过筛，调配即成葱盐、葱粉。

（3）理化指标 氯化钠70%～72%，食品添加剂28%～30%。

（4）产品用途

1）葱盐具有葱香味，在菜、汤、面条中撒入适量，即可达到鲜美、可口的效果，是家庭、餐厅必备的调味品。

2）葱粉也是一种上乘的调味品，可使用在凉菜、汤、方便面汤料中，并可用来加工葱香食品，如葱味饼干、葱油饼等。该产品应用面广，使用方便，是一种理想的调味料。

第十一章
大葱病虫害诊断与防治技术

第一节　大葱侵染性病害的防治技术

1. 立枯病

【病原】　立枯丝核菌，属半知菌亚门真菌。

【症状】　葱发芽后半个月内，如果土壤湿度过大或田间积水严重常诱发该病害发生。幼苗从茎基部接近地面处感病，呈枯白色或暗褐色，软化腐烂，凹陷缢缩，边缘明显。绕茎一周后，茎部萎缩干枯，幼叶短期内仍呈绿色，最后植株倒伏枯死（彩图11）。环境湿度大时，病部及近地面处出现褐色蛛网状菌丝（彩图12）。

【发生规律】　病菌以菌丝体或菌核在土壤中或病残体中越冬或越夏，一般在土壤中可存活2～3年。当条件适宜时，病菌从伤口或由表皮直接侵入幼茎基部引发病害。病菌随雨水、灌溉水、农具及带菌堆肥传播蔓延。病菌适宜生长的温度范围较宽，最低温度为13℃，最高温度为42℃，发育适温为24℃。阴雨多湿，土壤黏重，重茬种植，播种密度过大及高温均易诱发此病。

【防治方法】

1）农业措施：苗床应地势较高、排水良好，雨后及时清除田间积水，苗期保持适宜土壤干湿度。

2）种子处理：每千克种子与0.5～1g 95%噁霉灵和4g 80%

多·福·福锌可湿性粉剂拌种。

3）药剂防治：发病前可采用下列药剂预防：70%噁霉灵可湿性粉剂800～1000倍液或20%氟酰胺600～1000倍液，兑水喷淋苗床，每隔7～10天喷1次。

发病初期，可采用下列药剂防治：72.2%霜霉威盐酸盐水剂600倍液、69%安克·锰锌可湿性粉剂800倍液、20%甲基立枯磷乳油800～1000倍液+75%百菌清可湿性粉剂600倍液、15%噁霉灵水剂500～700倍液+25%咪鲜胺乳油800～1000倍液等。兑水浇灌茎基部，视病情每5～7天防治1次。

【提示】 葱播种时应浇足底水，出苗前尽量以不浇水为宜。如果苗期浇水过多，又遇阴雨天则极易诱发此病。

2. 紫斑病

【病原】 葱链格孢菌，属半知菌亚门真菌。

【症状】 发病初期，叶片、花茎或叶鞘上初生灰色或浅褐色小病斑，中央微紫色。病斑很快扩大为椭圆或纺锤形大病斑，凹陷，暗紫色，常形成同心轮纹，后期当环境湿度较大时产生深褐色霉状物（彩图13）。病害严重时，病斑会连接成片，使叶片或花茎枯黄或从病部倒折。

【发生规律】 冬季寒冷地区紫斑病病菌在病株上越冬或以菌丝体随病残体在土壤中越冬，第二年当条件适宜时越冬病菌产生的分生孢子借气流和雨水传经气孔、伤口或直接穿透叶表皮而侵入，葱生长中后期发病较重。冬季较温暖的地区病菌分生孢子在田间葱类作物上持续发生。发病最适温度为25～27℃，12℃以下不利于病害发生和流行，病菌产孢需要高湿环境，孢子萌发和侵入需叶面有水滴或水膜以及足够的湿润时间，因此在高温多雨季节和阴湿多雨地区或年份往往易发生流行。此外，常年连作，沙性土壤，生育后期脱肥，植株长势弱和葱蓟马危害严重地块发病严重。

【防治方法】

1）农业措施：选用抗病或耐病品种。重茬病重地区与非葱蒜类作物轮作2年以上。种植地块应平坦肥沃，雨后及时排除田间积水。加强田间管理，施足基肥，适时氮磷钾平衡追肥，防止后期脱肥。收获后及时清园并深耕。

2）种子处理：必要时，种子可用种子重量的0.3%的50%异菌脲可湿性粉剂拌种或用40~45℃温水浸种1.5h。

3）药剂防治：发病前至发病初期以预防为主，可用下列杀菌剂进行防治：60%琥铜·锌·乙铝可湿性粉剂600~800倍液+75%百菌清可湿性粉剂600~800倍液、70%丙森锌可湿性粉剂600~800倍液、50%克菌丹可湿性粉剂400~600倍液等。兑水均匀喷雾，视病情每间隔7~10天防治1次。

发病普遍时，可采用下列药剂防治：58%甲霜灵·锰锌可湿性粉剂800倍液、50%异菌脲悬浮剂1000~2000倍液、50%腐霉利可湿性粉剂1000~1500倍液+70%代森联干悬浮剂600倍液等。兑水均匀喷雾，视病情每间隔5~7天喷1次，连续喷施2~3次。

【小窍门】>>>>

葱叶面覆有蜡质，因此喷药时应在药液内添加有机硅等展着剂。紫斑病发病严重时病斑较大，当喷雾效果不佳时应用小毛刷蘸药液在患部集中涂刷，防效较好。

3. 病毒病

【病原】 洋葱黄矮病毒、大蒜花叶病毒和大蒜潜隐病毒。

【症状】 叶片出现长短不一的黄色条斑、条纹或浅黄色花叶斑驳，发病严重时布满叶面，植株生长受抑或停止生长，叶片皱缩扭曲，植株黄化矮缩（彩图14）。

【发生规律】 病毒附着于葱假茎或病残体上在田间越冬。传毒媒介昆虫为蚜虫，附近有葱蒜类毒源作物的地块，高温、干旱天气以及有翅蚜迁飞时发病早而重，蚜虫、蓟马等危害严重时病情加重。

【防治方法】

1）农业措施：在春季育苗时应适当早播，苗圃应远离葱蒜类作物采种田或种植地块。精选葱秧，及时拔除田间病株。整个生育期内注意喷施杀虫剂防治蚜虫和蓟马为害。

2）药剂防治：5%菌毒清水剂500倍液、2%宁南霉素水剂500~700倍液、20%盐酸玛琳呱·乙酸铜可湿性粉剂500~700倍液等。添加有机硅展着剂兑水均匀喷雾，视病情每5~7天喷1次，连续防治2~3次。

4. 霜霉病

【病原】 葱霜霉菌，属鞭毛菌亚门真菌。

【症状】 主要为害叶片和花茎。大葱被病原菌侵染后，叶片略微扭曲畸形，叶片（花茎）面产生卵圆形、椭圆形白色或浅黄色病斑，大小不一，边缘不明显，潮湿时表面着生绒毛状霉层，干燥时变为枯斑（彩图15）。叶片尖端部分发病的，整片叶变白枯死。叶片中部发病的，则叶片上方下垂干枯（彩图16）。后期病部可能产生腐生性真菌，出现黑霉。

【发生规律】 病菌卵孢子随田间病残体或在假茎上越冬，第二年当条件适宜时孢子囊随风雨和昆虫等传播，接触叶片后在叶面水滴中萌芽，由气孔侵入，形成局部侵染，成株期至采收期发病较重。气温15℃左右，降雨较多时极易发病，属低温、高湿型病害。华北地区4月中旬~5月上旬及9~10月，东北地区5~10月出现持续阴雨或阴湿天气时霜霉病可能大流行。一般情况下，地势低洼、排水不良、连作、密植、土壤黏重的地块以及早春、秋季雨水较多时发病重。

【防治方法】

1）农业措施：选用抗病或耐病品种。一般而言，假茎紫红色、叶管细、蜡粉厚的品种发病轻。忌与葱蒜类作物连作，尽量实行2～3年轮作。选择地势平坦、易于排水的地块育苗和定植。合理密植，加强肥水管理。雨后注意排水，当土壤湿度大时中耕散墒。收获后及时清理田间病残体，并在田外集中销毁。

2）药剂防治：发病初期用以下药剂防治：72.2%霜霉威盐酸盐水剂800倍液、58%甲霜灵·锰锌可湿性粉剂500～700倍液、25%甲霜灵可湿性粉剂800倍液、64%噁霜·锰锌可湿性粉剂500倍液、72%霜脲·锰锌可湿性粉剂800倍液、687.5g/L霜霉威盐酸盐·氟吡菌胺悬浮剂800～1200倍液、50%烯酰吗啉可湿性粉剂1000～1500倍液+75%百菌清可湿性粉剂600～800倍液等。兑水喷雾，视病情每5～7天防治1次，连喷2～3次。

为增加药剂黏着性，可添加有机硅展着剂或每100kg药液添加中性洗衣粉5～10g。

5. 疫病

【病原】烟草疫霉菌，属鞭毛菌亚门真菌。

【症状】主要为害叶片和花茎。染病初期患部出现青白色不明显斑点，扩大后连片成为灰白色斑，致叶片从上而下枯萎，田间出现大片“干尖”现象（彩图17）。阴雨连绵或环境湿度大时病部长出白色棉毛状真菌。天气干燥时则白霉消失，剖检长锥形叶片内壁，可见白色菌丝体，此特征区别于葱的生理性干尖。

【发生规律】病菌以卵孢子、后垣孢子或菌丝体在田间病残体内越冬，第二年当条件适宜时产生孢子囊及游动孢子，借风雨、灌溉水传播，孢子萌发后产生芽管，穿透寄主表皮直接侵入寄主，后病部又产生孢子囊进行再侵染，为害加重。高温、高湿是此病诱因，适宜发病温度为12～36℃，相对湿度90%以上，成株期至采收期发病较重。阴雨连绵，田间积水，密植，土壤黏重，偏施氮肥，植株长势弱等均会加重病害发生。

【防治方法】

1）农业措施：尽量避免与葱蒜类作物连作。选择不易积水地块育苗和定植，合理密植，雨后及时排除积水，平衡施肥，收获后及时清除田间病残体。

2）药剂防治：发病初期可用以下药剂进行防治：57%烯酰玛琳·丙森锌水分散粒剂2000～3000倍液、72%锰锌·霜脲可湿性粉剂600～800倍液、76%霜·代·乙膦铝可湿性粉剂800～1000倍液等。

发病普遍时用下列药剂进行防治：72.2%霜霉威盐酸盐水剂800～1000倍液+75%百菌清可湿性粉剂600～800倍液、69%锰锌·烯酰可湿性粉剂1000～1500倍液、687.5g/L霜霉威盐酸盐·氟吡菌胺悬浮剂800～1200倍液等。兑水均匀喷雾，视病情每7～10天喷1次，连续防治2～3次。

【提示】 葱疫病与霜霉病均可引发葱“干尖”现象，二者的区别是疫病病部会产生白色霉层，撕开叶片可见内壁有白色菌丝体，应注意鉴别防治。

6. 锈病

【病原】 葱柄锈菌，属担子菌亚门真菌。

【症状】 主要侵染叶片、叶鞘和花茎。病部最初出现椭圆形褪绿斑点，并由病斑中部表皮下生出圆形稍隆起的黄褐色或红褐色疱斑，称为夏孢子堆（彩图18）。疱斑破裂翻起后散出圆形、近圆形橙黄色粉末状夏孢子（彩图19），孢子密度大时可连接成片，叶片提前枯死。

【发生规律】 该病主要在葱生育后期发生，温暖地区可周年发生，冬季寒冷地区以菌丝和夏孢子在植株或田间病残体上越冬。春季气温回升，病菌随风雨传播，发病区域呈点片状分布。黄河中下游地区一般3～4月上旬开始发病，4月中旬后随气温回升和湿度适宜，病情逐渐加重至全田普发，进入主要危害期。夏季高温，以菌丝体在植株上越夏，秋季可再度侵染和流行。密植、地势低洼、田间积水均利于锈病发生。

【防治方法】

1）农业措施：葱品种间对锈病抗性存在差异，生产上应选用抗病品种，并实行合理轮作。加强水肥管理，及时排除田间积水，发病严重地块适时早收。

2）药剂防治：有效药剂有25%三唑酮（粉锈宁）可湿性粉剂2000～3000倍液、50%萎锈灵乳油800～1000倍液、65%代森锰锌可湿性粉剂400～500倍液、10%苯醚甲环唑水分散粒剂8000倍液等。兑水喷雾，视病情每5～7天防治1次，连喷2～3次。

【提示】 应用三唑酮等三唑类杀菌剂时应严格按照说明书浓度施用，以免浓度过大造成药害，可导致植株生长缓慢、叶片深绿、生长停滞等。

7. 软腐病

【病原】 胡萝卜欧式杆菌胡萝卜致病变种，属薄壁菌门细菌。

【症状】 一般从假茎基部根蛆等造成的伤口处开始侵染，病部呈水浸状腐烂，半透明，有的病株的腐烂假茎呈橙红色，有恶臭味，可观察到污白色细菌溢脓（彩图20）。同时，叶片扭曲，植株倒伏（彩图21）。

【发生规律】 病菌在假茎、病残体和土壤中越冬，通过雨水、灌溉水、土壤等途径传播，由伤口侵入，反复侵染。常年连作、田间积水、高温多雨、地下虫害严重均会加重病情。

【防治方法】

1）农业措施：避免连作重茬，雨后及时排除田间积水，注意防治葱种蝇等地下害虫。及时拔除病株并在窝内撒石灰消毒，收获后的植株充分晾晒，通风储存。

2）药剂防治：发病初期，可采用下列药剂防治：72%农用链霉素可湿性粉剂2000～4000倍液、88%水合霉素可湿性粉剂1500～2000倍液、90%新植霉素（土霉素与链霉素复配）2000～4000倍液、86.2%氧化亚铜水分散粒剂1000～1500倍液、46.1%氢氧化铜水分散粒剂1500倍液、27.13%碱式硫酸铜悬浮剂 800 倍液、47% 加瑞农（加收米与碱性氯化铜复配）可湿性粉剂 800 倍液、50% 琥胶肥酸铜可湿性粉剂 500 倍液、88% 中生菌素可湿性粉剂 1000 ~ 1200 倍液、20% 噻菌铜悬浮剂 1000 ~ 1500 倍液、14% 络氨铜水剂 300 倍液、60% 琥铜 · 乙膦铝可湿性粉剂 500 倍液、47% 氢氧化铜可湿性粉剂 700 倍液等。采用药剂灌根或基部喷施（图 11-1）进行，但软腐病发病后期防治效果较差，一般以预防为主。

图 11-1　药剂基部喷施

8. *灰霉病*

【病原】　葱鳞葡萄孢菌，属半知菌亚门真菌。

【症状】　主要为害叶片，常见症状有 3 种类型：白点型、干尖型和湿腐型。其中白点型最为常见，受害叶片初生白色至浅褐色小斑点，病斑逐渐扩大融合成梭形至长椭圆形大斑，当环境潮湿时病斑上生有灰褐色绒毛状霉层。后期病斑连接成片致使半叶枯死，枯斑表面密生灰霉，有时生出黑色颗粒状菌核。干尖型症状主要是叶尖干枯，病部也生有灰色霉层（彩图 22 ~ 彩图 24）。

【发生规律】　以菌丝体、分生孢子和菌核在田间病残体上和土壤中越冬或越夏。第二年当条件适宜时，菌核萌发产生菌丝体，菌丝体产生分生孢子，分生孢子随气流、雨水、灌溉水传播，病菌由气孔、伤口或直接穿透表皮侵入叶片，引发病害，带菌种子也可传播病害。成株发病较重，易遭多次重复侵染。低温、高湿环境有利于该病发生，发病适温为18～23℃，但0～10℃低温下病原菌仍然活跃。在适温下，降雨较多和湿度较大是导致灰霉病流行的关键因素，葱的秋苗和春苗均可被侵染。连作地块、排水不良、土壤黏重、种植过密、偏施氮肥等均易加重病害。

【防治方法】

1）农业措施：病地实行合理轮作，选择土壤疏松、透气性好的地块进行栽培。平衡施肥，雨后及时排水。加强田间管理，如合理密植、清除田间病残体等。

2）药剂防治：发病初期用以下药剂防治：40%甲基嘧菌胺悬浮剂800～1200倍液、50%腐霉利可湿性粉剂1000～1500倍液、30%异菌脲·环己锌乳油900～1200倍液、40%嘧霉胺悬浮剂1000～1500倍液、40%嘧霉·百菌可湿性粉剂800～1000倍液、30%福·嘧霉可湿性粉剂1000倍液、50%甲基硫菌灵500倍液等。兑水喷雾，视病情每5～7天防治1次。

9. 黑斑病

【病原】 总状匍柄霉菌，属半知菌亚门真菌。

【症状】 葱黑斑病又称叶枯病，主要为害叶片和花茎。发病初期叶片或花茎褪绿出现黄白色长圆形病斑，后迅速向上、下扩展，呈黑褐色梭形或椭圆形病斑，边缘有黄色晕圈，病斑上略显轮纹，后期病斑上密生黑色霉层（彩图25）。该病常与紫斑病混合发生，发病严重时叶片变黄枯死亡或花茎折断，采种株易发病。

【发生规律】 病菌以子囊座随病残体在土壤中越冬，以子囊孢子进行初侵染，分生孢子进行再侵染。孢子萌发后产生侵染菌丝，经气孔、伤口或直接穿透表皮侵入叶片，随气流和雨水传播。发病适温为23～28℃，低于12℃或高于36℃均不利于该病发生流行。环境相对湿度为85%以上有利于病菌产孢，孢子萌发和侵入均需叶表面有水膜存在。该菌属弱寄生菌，温暖湿润条件下大葱生育后期发病较重。常年连作、土壤黏重、阴雨高湿、施用未腐熟有机肥等均有利于该病发生。

【防治方法】

1）农业措施：重病田与非百合科作物轮作2年以上。加强田间管理，氮磷钾平衡施肥，雨后排除田间积水，高温时段忌大水漫灌。摘除病叶、拔除病株以及清除田间病残体等。

2）药剂防治：发病初期用以下药剂防治：50%异菌脲1000～1500倍液、50%腐霉利可湿性粉剂1000～1500倍液、58%甲霜灵·锰锌可湿性粉剂800倍液、25%溴菌腈可湿性粉剂500～1000倍液、70%代森锰锌可湿性粉剂800倍液、20%唑菌胺酯水分散粒剂1000～1500倍液、25%咪鲜胺乳油800～1000倍液等。兑水喷雾，视病情每5～7天防治1次。

10. 小粒菌核病

【病原】 核盘菌，属子囊菌亚门真菌。

【症状】 主要为害葱假茎。发病初期病部呈水渍状，叶鞘溃疡腐烂，呈灰白色或腐烂褐变，有臭味。当环境湿度大时病部滋生白色霉层，后期假茎病部形成不规则的褐色菌核（彩图26）。假茎叶鞘变腐后，叶片从先端变黄，逐渐向基部发展，最后部分或全部叶片黄化枯死。

【发生规律】 病原菌以菌核随病残体在土壤中越冬或越夏，借气流传播，带菌种子、土杂肥或病、健株接触也可传病。春秋季伴随降雨或高湿环境，土中菌核产生子囊盘，并放射出子囊孢子侵入假茎形成菌丝体，在其代谢过程中产生果胶酶，致病茎腐烂。菌丝体向周边扩展蔓延形成菌核，菌核可迅即萌发，也可长时间休眠。该病属低温高湿型病害，发病适温为15～20℃，要求环境相对湿度85%以上。每年2月下旬～3月上旬当气温回升至6℃以上时土壤中菌核陆续产生子囊盘，4月上旬气温上升至13～14℃时，形成第一个侵染高峰。南方2～4月及11～12月适合发病，北方3～5月及9～10月此病发生较多。常年连作地块，土壤黏重，地势低洼，排水不良，春秋季阴雨天气较多，偏施氮肥等因素均可加重病害。

【防治方法】

1）农业措施：重病地块与非葱属作物轮作2年以上。加强田间管理，氮磷钾平衡施肥，施用的农家肥要充分腐熟，强酸性土壤应撒施石灰改土，雨后排除田间积水，收获后深翻土壤等。

2）种子处理：播前精选抗病品种，并进行种子消毒处理：用50%腐霉利可湿性粉剂或70%甲基硫菌灵可湿性粉剂按照种子重量的0.3%兑水，适量均匀喷雾，覆盖闷种5h，晾干后播种。或种子用50℃温汤浸种10min也可杀死菌核。

3）药剂防治：发病初期用以下药剂防治：50%乙烯菌核利可湿性粉剂600~800倍液、40%菌核净可湿性粉剂1000倍液、50%腐霉利可湿性粉剂1000倍液、50%异菌脲可湿性粉剂1000倍液、65%甲硫·乙霉威可湿性粉剂1500倍液、45%噻菌灵悬浮剂600~800倍液、50%多·菌核可湿性粉剂600~800倍液等。兑水喷淋假茎基部，视病情每7~10天防治1次。

11. 白腐病

【病原】 白腐小核菌，属半知菌亚门真菌。

【症状】 该病主要为害叶片和假茎。染病叶片由叶尖向下逐渐枯黄并扩展至全叶，叶鞘也变黄枯死（彩图27）。假茎发病，病部表皮出现水浸状病斑，组织变软，之后呈干腐状，微凹陷。发病初期假茎组织内生灰白色霉层，后变为灰黑色，并产生黑色小菌核。

【发生规律】 病原菌以菌核在土壤中越冬，借雨水、灌溉水、带菌土杂肥或随病残体传播。该病属低温高湿性病害，菌核在6℃以上时萌发，发病适温为10~20℃。一般春末夏初发病较快，夏季高温季节病情发展缓慢。连作、地势低洼、田间积水以及脱肥地块发病较重。

【防治方法】

1）农业措施：病重地块与非葱属作物轮作2~3年。加强水肥管理，及时拔除病株，并进行土壤消毒。

2）药剂防治：发病初期用以下药剂防治：50%异菌脲可湿性粉剂1000～1500倍液、50%腐霉利可湿性粉剂1000～1500倍液、50%甲基硫菌灵可湿性粉剂600倍液、50%多·福·乙可湿性粉剂800～1000倍液、2%丙烷脒水剂1000～1500倍液、65%甲硫·乙霉威可湿性粉剂1500倍液、20%甲基立枯磷乳油800～1000倍液、25%啶菌噁唑乳油1000～2000倍液。兑水喷淋假茎基部，视病情每7～10天防治1次，采收前3天应停止用药。

12. 球腔菌叶斑病

【病原】 葱球腔菌，属子囊菌亚门真菌。

【症状】 该病主要为害葱叶片。叶片感病后产生梭形或椭圆形小病斑，中央呈灰褐色，边缘呈黄褐色。病原菌的子囊壳呈黑色，聚生于病斑上。病斑小而多，发生严重时相互交汇，导致叶片枯黄（彩图28）。

【发生规律】 病原菌随病残体越冬，天气湿凉时适于该病发生，葱生育后期遇连绵阴雨天，则病情明显加重。连作地块，管理粗放，植株长势弱时发病重。

【防治方法】 加强田间管理，及时摘除病叶或病残体。该病的药剂防治可参考紫斑病防治方法或在防治紫斑病时予以兼治。

第二节 大葱虫害的防治技术

1. 葱蓟马

【分布】 葱蓟马属缨翅目蓟马科，在我国南北方均有分布，危害包括葱属作物在内的30多种农作物，以北方作物受害较重。

【危害与诊断】 以锉吸式口器吸食叶片、叶鞘的汁液。受害部位形成黄白色斑点，大量斑点密集成为长斑，严重时叶片卷曲、畸形（彩图29）。蓟马成虫为黄白色至深褐色，体长1～2mm，红色复眼，锉吸式口器，触角7节，翅膀细长，浅黄色。足末端有泡状中垫，爪退化。腹部近纺锤形，末节圆锥形，腹面有产卵器。卵初期呈肾形，乳白色，后期逐渐变为黄白色卵圆形。若虫共4龄，体色为黄白色至橘黄色。4龄若虫又称拟蛹，体色浅褐，翅芽明显，触角伸向背面。

【发生规律】 蓟马一般每年发生3～4代，但各地实际发生代数存在差异，如山东每年发生6～10代，北京发生10代左右，长江流域发生8～10代，华南地区发生20代以上。以成虫、若虫和拟蛹在葱属作物叶鞘内、土块、土缝或枯枝落叶中越冬，华南地区或保护地栽培无越冬现象。成虫怕光，早、晚或阴天取食旺盛，植株阴面的虫量多。

气温低于25℃、空气相对湿度为60%以下时有利于蓟马发生，高温高湿不利于其为害，少量雨水对其发生无影响，一年中以4～5月和10～11月发生危害较重，应注意提前预防。

【防治方法】

1）农业措施：提前翻耕土地，及时中耕清除杂草，高温季节适当增加灌水次数和灌水量。

2）药剂防治：若虫盛发期用下列药剂防治：25%吡虫·仲丁威乳油2000～3000倍液、50%辛硫磷1000倍液、10%烯啶虫胺水剂3000～5000倍液、21%增效氰马乳油（灭杀毙）5000～6000倍液、10%吡虫啉可湿性粉剂1500～2000倍液、70%吡虫啉水分散粒剂6000～8000倍液、3%啶虫脒乳油2000～3000倍液、240g/L螺虫乙酯悬浮剂4000～5000倍液、25%噻虫嗪水分散粒剂6000～8000倍液、50%抗蚜威可湿性粉剂2000～3000倍液、10%氯噻啉可湿性粉剂2000～3000倍液、20%氰戊菊酯乳油2000倍液、48%毒死蜱乳油3000倍液、2.5%三氟氯氰菊酯乳油3000～4000倍液、3.2%烟碱川楝素水剂200～300倍液、1%苦参素水剂800～1000倍液等。兑水喷雾，视虫情每7～10天喷施1次。

2. 葱斑潜叶蝇

【分布】 葱斑潜叶蝇属双翅目潜蝇科，广泛分布于葱属作物栽培地区，食害葱、洋葱、韭菜、大蒜等作物，以葱和韭菜受害最重。

【危害与诊断】 幼虫在葱叶内蛀食叶肉组织，形成不规则的黄白色潜道，道内充满黑褐色虫粪。虫害严重时，潜道交错融合成潜食斑。受害叶片逐渐变黄枯萎，严重影响叶片光合作用（彩图30、彩图31）。雌成虫通过产卵器在葱叶上刺孔取食汁液，取食孔呈白色圆形斑点，多沿叶片呈纵向排列。

成虫体型较小，头部黄色，眼后眶黑色；中胸背板黑色光亮，中胸侧板大部分黄色；足黄色；卵白色，半透明；幼虫蛆状，初孵时半透明，后为鲜橙黄色；蛹椭圆形，橙黄色，长为1.3~2.3mm。成虫具有趋光、趋绿和趋化性，对黄色趋性更强，有一定的飞翔能力。

【发生规律】 葱斑潜叶蝇在我国各地每年发生4~15代不等，华北和西北地区每年发生4~5代，以蛹在受害叶内或土壤中越冬。第一代幼虫主要为害育苗小葱，幼虫老熟后脱叶落地化蛹，5月上旬为成虫发生期。雌虫产卵于葱叶片表皮内，孵化后幼虫在叶肉组织中潜叶为害，6月后为害加剧，7~8月盛发，并可一直为害至10月底，夏季超过35℃时有越夏现象。

【防治方法】

1）农业措施：清除田间杂草、残株，以减少虫源。定植前深翻土地，将地表蛹埋入地下。发生盛期增加中耕和浇水，破坏化蛹，减少成虫羽化。合理轮作、套作等。

2）物理和生物防治：田间悬挂30cm×50cm粘虫黄板诱杀成虫。利用姬小蜂、反领茧蜂、潜蝇茧蜂等寄生蜂进行生物防治。

3）药剂防治：烟熏防治：发生盛期棚室内可采用10%敌敌畏烟熏剂、15%吡·敌畏烟熏剂、10%灭蚜烟熏剂、10%氰戊菊酯烟熏剂等，每次用量0.30~0.50kg/亩。或选用0.5%甲氨基阿维菌素苯甲酸盐乳油2000~3000倍液、1.8%阿维菌素乳油2000~3000倍液、20%甲维·毒死蜱乳油3000~4000倍液、1.8%阿维·啶虫脒微乳剂3000~4000倍液、50%灭蝇胺可湿性粉剂2000~3000倍液、52.25%农地乐乳油1000~1500倍液、5%氟虫脲乳油1000~1500倍液等，兑水喷雾，视病情每7天防治1次，连续

防治2~3次。

【注意】 防治斑潜蝇幼虫应在其低龄时用药，即多数虫道长度在2cm以下时效果较好，幼虫3龄期后防治效果较差。防治成虫宜在早晨或傍晚等其大量出现时用药。

3. 甜菜夜蛾

【分布】 甜菜夜蛾属鳞翅目夜蛾科，属多食性害虫。该虫分布广泛，具有暴发性。食害大葱，轻者减产10%~20%，虫口密度大时可能导致绝收。

【危害与诊断】 1~2龄幼虫多在叶尖或折倒重叠处叶片表面取食，并留下取食痕迹。3龄后幼虫多从距叶尖较近处或叶片折叠处钻入叶筒，在叶内部取食叶肉，并排泄大量虫粪。残留叶表皮呈透明状，严重者吃成孔洞，甚至使叶片折断（彩图32）。

成虫灰褐色，前翅内有横线，亚外缘线呈灰白色。翅中央近前外缘有一列黑色三角形小斑、1个肾形纹和1个环形纹。后翅银白色，翅缘呈灰褐色。幼虫体色变化较大，有绿色、墨绿色、黄褐色等不同体色。气门下线为黄白色纵带，气门后上方有一白点（彩图33）。卵为白色馒头状，常数十粒堆积在一起呈卵块状。蛹长10mm，黄褐色。

【发生规律】 甜菜夜蛾每年发生4~5代，以蛹在土中越冬，第二年5月中下旬羽化成虫。南方温度较高地区各虫态均可越冬，以第一代和第三代幼虫为害较为严重。北方地区7月以后，尤以9月、10月发生严重。成虫昼伏夜出，趋光性强，趋化性弱，但对糖醋味有趋性。卵产于葱叶上，聚产成块，单层或双层卵块上覆盖白色绒毛。幼虫5龄，少数6龄，卵初孵时群聚于叶背为害，并吐丝拉网，防治较难。3龄后分散，4龄后昼伏夜出，有假死性，当食物缺乏时有成群迁移习性，老熟后结茧化蛹。

【防治方法】

1）农业措施：结合田间管理，人工摘除卵块和初孵幼虫为害的叶片，并集中处理。注意铲除田边杂草等虫害滋生场所，晚秋或初春及时翻地灭蛹。

2）物理或生化诱杀：利用幼虫假死性进行人工捕捉，并可利用黑光灯对成虫进行物理诱杀。按照6份红糖、3份米醋、1份水的比例配成糖醋液诱杀。

3）药剂防治：低龄幼虫抗药性差，可于3龄以前采用以下药剂或配方防治：1.8%阿维菌素乳油2000～3000倍液、20%甲维·毒死蜱乳油3000～4000倍液、0.5%甲氨基阿维菌素苯甲酸盐乳油2000～3000倍液、5%丁烯氟虫腈乳油2000～3000倍液、2.5%三氟氯氰菊酯乳油4000～5000倍液、40%菊·马乳油2000～3000倍液等。兑水喷雾，视虫情每7～10天防治1次。

【提示】 甜菜夜蛾抗药性较强，应在其幼虫3龄前及时喷药防治，效果为佳。

4. 蝼蛄

【分布】 蝼蛄属直翅目蝼蛄科，我国菜田常见的有华北蝼蛄和东方蝼蛄两种，蝼蛄是分布很广的杂食性地下害虫。华北蝼蛄主要分布在中国北方各地，以黄河流域为多。东方蝼蛄在我国大部分地区均有分布，南方为害较重。

【危害与诊断】 蝼蛄可为害多种蔬菜，在葱苗圃里其成虫、若虫咬食刚出苗的种子、葱苗假茎等可致植株死亡。蝼蛄常在土壤表层挖掘隧道活动，咬断根系，致土壤与根系分离，幼苗干枯死亡，常造成缺苗断垄。

华北蝼蛄身体肥大，体长为39～55mm，通体黄褐色，头狭长，触角丝状。前胸背板中央有一凹陷不明显的暗红色心脏形斑。前翅黄褐色，覆盖腹部不到一半，后翅较长，纵卷成筒状覆于前翅之下，腹部末端近圆筒形。足为黄褐色，后足胫节背面内侧有1个距或消失。华北蝼蛄若虫共有13龄，5～6龄后其形态、体色与成虫相似（彩图34）。

东方蝼蛄身体瘦小，灰褐色，体长为30～35mm。前胸背板中央的心脏形斑小而凹陷明显，腹部末端近纺锤形。后足胫节背面内侧有3～4个距。东方蝼蛄若虫共有6龄，2～3龄后其形态、体色与成虫相似。

【发生规律】 华北蝼蛄在我国每3年发生1代，以成虫、若虫在67cm冻土层以下越冬。第二年3～4月越冬成虫开始活动，4月底到6月是春季为害盛期。6月上旬开始产卵，卵期约为1个月，7月初卵开始孵化。6月下旬～8月下旬潜入土中越夏，9～10月再次上升至地表形成秋季为害高峰。若虫3龄前群集，多以嫩茎为食。第一年越冬若虫为8～9龄，第二年越冬若虫为12～13龄，第三年以刚羽化未交配的成虫越冬，第四年6月成虫产卵，至此完成1个生育世代。

东方蝼蛄在我国大部分地区每年发生1代，北方地区2年1代，以成虫、若虫在冻土层下越冬，其活动和为害规律与华北蝼蛄类似，但交配、产卵和若虫孵化期略有差异。

两种蝼蛄均昼伏夜出，晚上9：00～11：00活动取食最为活跃，为害盛期多发生在葱幼苗期。成虫具有趋光性、趋化性（香甜味）、趋粪性和喜湿性，喜食半熟的麦麸、豆饼等。

【防治方法】

1）农业措施：夏收后或入冬前应深翻土壤，营造不利于蝼蛄的生存环境；成虫为害盛期可追施碳酸氢铵等化肥，碳酸氢铵会释放氨气对其有一定的驱避作用；精耕细作，合理轮作，不施用未腐熟的农家肥等。

2）物理诱杀：可利用黑光灯诱杀成虫或挖浅坑堆放湿马粪，于清晨人工捕杀蝼蛄。

3）毒饵诱杀：可先将麦麸、米糠、豆饼等炒香，按照0.5%～1%的比例拌入用水溶解或稀释的90%晶体敌百虫、50%辛硫磷乳油、40%甲基异柳磷乳油等药剂制成毒饵，在苗床或田间每平方米撒施2.25～3.75g。

4）药剂防治：蝼蛄多发地块可用药剂拌种或灌根。常用拌种剂有50%辛硫磷乳油、40%甲基异柳磷乳油或40%乐果乳油等，用药量为种子重量的0.1%~0.2%。另外，用20%菊·马乳油3000倍液、50%辛硫磷乳油1000~1500倍液或80%敌百虫可湿性粉剂800~1000倍液等每7~10天灌根1次，连灌2次也有较好防效。

【提示】 葱春播或秋播育苗期间均是蝼蛄为害盛期，应在出苗前后及时拌毒饵诱杀，以确保苗全苗旺。

5. 蛴螬

【分布】 蛴螬属鞘翅目，金龟科和丽金龟科，广泛分布于全国各地，为害瓜类、豆类、茄果类、叶菜和葱蒜类等蔬菜。

【危害与诊断】 在土壤中咬食葱假茎，可引发葱软腐病，使大葱商品价值下降。

幼虫体长35~45mm，乳白色，少数黄白色，肥胖，常弯曲呈C形，体壁柔软多皱。头部黄褐色，两侧各具前顶毛3根。胸足3对，密生棕色细毛，后足较长。腹部臀节腹面生有呈三角形分布的钩状刚毛（彩图35）。蛹为裸蛹，长21~23mm，头小，体微弯曲，由黄白色渐变为橙黄色，尾节端部有1对角状突起。

【发生规律】 一般1年发生1代或两年发生1代，以成虫和幼虫在土壤中越冬。蛴螬共有3龄，1~2龄期短，3龄期最长。成虫具有假死性、趋光性、趋粪性和喜湿性。当地温14~22℃，土壤含水量10%~20%，小雨连绵时虫害加重。

【防治方法】

1）农业措施：冬前深翻土地冻死部分幼虫。施用充分腐熟的农家肥或有机肥。

2）物理诱杀：成虫盛发期可利用黑光灯诱杀或利用成虫的假死性人工捕杀。

3）药剂防治：土壤处理可用5%毒死蜱颗粒剂2.0kg/亩或50%辛硫磷乳油200~250g/亩兑水拌成毒土撒于定植沟中或随有

机肥结合整地施用。生长期发生为害可用下列药剂兑水灌根防治：50%辛硫磷乳油1000倍液、48%毒死蜱乳油500～2000倍液等。

6. 葱蝇

【分布】 葱蝇又称地种蝇，幼虫也称根蛆或地蛆，属双翅目花蝇科，是杂食性害虫。我国各地均有分布，主要为害大蒜、葱、洋葱和韭菜等葱蒜类蔬菜。

【危害与诊断】 幼虫蛀入葱假茎取食，假茎被蛀食后呈凸凹不平状，变腐发臭，叶片枯黄，整株生长停滞甚至死亡（彩图36）。

葱蝇有卵、幼虫、蛹和成虫等虫态。雄成虫体暗褐色，头部两复眼接近，有舐吸式口器。胸部黄褐色，背部有3条黑色纵纹。前翅1对膜质透明，后翅退化。腹部纺锤形，背中央有1条黑色纵纹。雌虫体黄褐色，胸、腹背中央纵纹不明显。卵呈长椭圆形，稍弯，乳白色，表面有网纹。老熟幼虫体色乳白略带浅黄色，头部退化，仅有1个黑色口沟。蛹为围蛹，长椭圆形，红褐色或黄褐色。

【发生规律】 东北地区每年发生2～3代，华北地区发生3～4代，以蛹在土中或粪堆中越冬。5月上旬～8月上旬成虫盛发，卵产于葱叶、假茎或植株周围约1cm深的表土层中。6月和9～10月是幼虫为害盛期。幼虫孵化后潜入土中，先为害根系，再取食假茎，也可以土壤中的腐殖质为食，具有背光性和趋腐性。成虫白天活动，晴天9：00～15：00活动旺盛，对葱花朵、未腐熟粪肥、腐烂葱蒜等趋性较强。

【注意】 葱蝇幼虫发生盛期与5cm耕作层温度和水分含量密切相关。其发生最适温度范围为15～30℃，超过30℃则进入越夏阶段。5cm耕作层水分含量低于25%时，虫口密度较大，高于25%时虫口密度下降。上述指标可作为判断葱蝇为害趋势的参考依据。

【防治方法】

1）农业措施：施用经过充分腐熟的粪肥。幼虫为害严重地块，可结合田间管理，通过勤浇灌或大水漫灌的办法抑制根蛆活动或淹死部分幼虫。采收后翻耕土地以便冬季冻死部分虫蛹。

2）毒饵诱杀成虫：用1份糖、1份醋、2.5份水，加适量敌百虫搅匀置入有盖容器中，每天在成虫活动期间开盖诱杀。当诱器中的雌蝇数量突增或雌雄比接近1∶1时为雌虫盛发期，应及时进行药剂防治。

3）药剂防治：以防治成虫为主，防治幼虫为辅，在成虫产卵高峰和幼虫孵化盛期及时防治。虫害常年发生地块，可于育苗前或定植前用15%毒死蜱颗粒剂2~4kg/亩、5%毒·辛硫磷颗粒剂3~4kg/亩或辛硫磷颗粒剂1.5~3kg/亩撒施于苗床土中或定植沟中防治。

成虫羽化产卵盛期可用以下药剂防治防治：0.5%甲氨基阿维菌素苯甲酸盐微乳剂2000~3000倍液、21%氰·马乳油5000~6000倍液、2.5%氯氟氰菊酯乳油1000~2000倍液、1.7%阿维·高氯氟氰可溶性液剂2000~3000倍液、3.5%氟腈·溴乳油200倍液、1.8%阿维菌素乳油2000~4000倍液等兑水均匀喷雾，视虫情每7~10天防治1次，连喷2~3次。

幼虫初发期和孵化盛期可用以下药剂防治：50%辛硫磷乳油500~800倍液、48%毒死蜱乳油1000~2000倍液、80%敌百虫可溶性粉剂800~1000倍液。兑水灌根，每7~10天防治1次。

第十二章
葱高效栽培实例

实例1

山东省章丘市是我国大葱的主产区之一，以生产长白大葱——章丘大葱闻名。章丘大葱是该市的地理标志产品，年播种面积15万亩，可收获产量6×10^9kg。章丘大葱是章丘农民常年种植的主要经济作物，其大葱市场体系培育完善，经济效益良好。

张×是章丘市人，是远近闻名的种葱能手，曾在当地农业主管部门主办的葱王大赛中获得冠军。通过土地流转，张×年种植大葱20亩，收获产量约125000kg，抛除用工、化肥、农药等生产费用，每年可收入10余万元。他种植大葱的生产经验如下。

（1）合理的茬口安排 采用大葱成株栽培以及大葱小麦轮作套作的耕作制度是获得高产高效的关键。一般在夏玉米或春花生收获后于9月初播种育苗，第二年6月下旬小麦收获后定植。为延长大葱的生育期，同时不延误冬小麦播期，一般于10月初在葱行内套种小麦。上述耕作制度实现了葱麦双收、双高效。

（2）精心的土肥水管理 大葱的收获器官主要产自地下，因此维持土壤疏松和良好的土壤理化性质是根本。他的方法是多施土杂肥等有机肥，结合追肥经常中耕松土，雨后及时排水，加强土壤透气性。大葱抗旱，但立秋后是产量形成的关键期，应保障足够的水分供应。

（3）关心大葱价格波动趋势，倡导葱农抱团闯市场 他最早在本村成立了大葱生产合作社，合作社为葱农以成本价提供优质农资，而统一栽培管理技术有助于大葱标准化生产，因此大葱的产品质量明显提升。同时，通过电子商务、网联客户等手段积极促销当地大葱，使大葱的价格波动减少，葱农的收入也相对稳定，避免了葱贱伤农现象的发生。

实例2

山东省莱阳市是我国蔬菜加工出口的重要基地，也是大葱主产区之一。本地生产或外地购进的大葱除部分鲜食外，均以保鲜大葱或速冻葱花、脱水葱粉等产品形式出口日本、中国香港等国家和地区，大葱生产的附加值较高。周×是莱阳市人，是远近闻名的致富能手。他于2000年左右在本村成立了大葱生产加工专业合作社，他进行葱生产的收入来源主要有两个：一是自家常年种植12亩日本类型大葱（当地俗称铁杆葱）；二是给出口企业临时组织本村农民工进行剥葱皮等粗加工环节。12亩铁杆葱抛去生产成本，可年收入8万元左右。而组织农民进行粗加工环节他自己和农民均可获得较好收入，农民每剥0.5kg大葱自身可收入0.1元左右，日工资在100元以上，而他代企业组织加工环节的服务费年可收入5万元以上。因此，周家每年因大葱收入可达13万元以上，同时也增加了本村其他农民收入。他从事大葱生产的经验主要如下。

（1）从事加工大葱生产 产品主要用于出口，从而增加了大葱的生产附加值。周×充分利用了本地企业的蔬菜加工出口优势，组织带动了周边农民进行大葱订单式生产，一是解决了大葱的市场销路问题，不至于因每年大葱集中上市而造成价格波动，葱贱伤农，二是为出口企业提供初级加工产品，大葱价格相对较高，净收益增加。

（2）注重大葱的标准化生产，使出口大葱质量得以保障 长期以来，我国葱种植者多为一家一户的小农生产模式，其农资、种苗、技术标准不一，造成产品质量不一，不能适应大葱出口要求。周×在农资部门的支持下，通过合作社这一组织形式，统一为入社农民购进种苗、农资，规范了施肥、打药、培土等技术环节，基本实现了大葱的标准化和工厂化生产。这种生产模式一方面大大降低了种植户的生产成本，另一方面使大葱产品药肥残留量大大下降，大葱产量和品级提高，满足了出口检验要求，因此他们生产的大葱因贸易技术壁垒遭退货的现象很少，从而保障了农民收入的稳定增加。

（3）采用“春马铃薯-大葱”轮作高效栽培模式，经济效益显著 周×所在村的大葱种植户均在每年3月底~4月初播种早熟马铃薯，如荷兰7号等，地膜覆盖春马铃薯出苗至收获仅需60天左右，即6月中旬在马铃薯收获后定植大葱。此种栽培模式下，每亩可收获马铃薯2500kg左右，以3.0元/kg计可收入7000元左右，抛去成本每亩地纯收入可达四五千元，加上下半年的大葱收入，每亩地年可收入万元以上，其收入相当可观。

实例3

山东省安丘市是我国著名的大葱、生姜生产出口基地，年大葱播种面积在5万亩左右，葱产品主要用于出口日本，出口铁杆葱的量占我国对日出口大葱量的70%。罗×是安丘市人，他家一般每年种植5亩大葱和3亩生姜，抛却不确定年份，如果发生贸易摩擦造成出口不畅等，一般年收入近10万元。他的大葱生产经验主要有以下几个方面。

（1）努力争取公司订单生产 自我国加入WTO后，国外对我国农产品出口的限制减少，但贸易技术壁垒成为主要的制约因素。因此，只有争取到出口配额的公司订单后再组织生产方可万无一失，确保收成。

（2）确保大葱无公害标准化生产 日本对我国带叶出口蔬菜

检测指标有 12 项之多，因此必须在订单公司组织下统一种子、统一肥料、统一农药、统一种植、统一管理，并实行产品信息可追溯制度，提高大葱生产的信息化水平，这样才能从根本上解决大葱产品质量问题。

（3）采取科学措施克服大葱连作障碍　大葱不耐重茬，常年连作引发病虫害多发，土壤养分供应失衡，而过量施用药肥则易造成农药残留量多，影响产品品质。对于大葱重茬的克服，罗 × 的经验是重施有机肥、生物菌肥、沼液肥等非化学肥料，从而促土壤养分供应全面，活化土壤有益菌群，减轻连作为害和药肥用量，为生产合格产品提供了保障。

通过上述典型案例的介绍，希望其他大葱产区葱农能从中受到启发，以提高当地大葱的生产效益。

附　录

附录 A　蔬菜生产常用农药通用名及商品名称对照表

通用名		商品名	用途
杀虫剂类	阿维菌素	爱福丁、阿维虫清、虫螨光、齐螨素、虫螨克、灭虫灵、螨虫素、虫螨齐克、虫克星、灭虫清、害极灭、7051 杀虫素、阿弗菌素、阿维兰素、爱螨力克、阿巴丁、灭虫丁、赛福丁、杀虫丁、阿巴菌素、齐墩螨素、剂墩霉素	广谱杀虫剂，防治棉铃虫、斑潜蝇、十字花科蔬菜害虫、螨类
	氯氟氰菊酯	功夫、三氟氯氰菊酯、PP321 等	防治棉铃虫、棉蚜、小菜蛾
	甲氰菊酯	灭扫利、杀螨菊酯、灭虫螨、芬普宁等	虫螨兼治，用于防治棉花、蔬菜、果树的害虫
	联苯菊酯	天王星、虫螨灵、三氟氯甲菊酯、氟氯菊酯、毕芬宁	防治蔬菜粉虱
	丁硫克百威	好年冬、丁硫威、丁呋丹、克百丁威、好安威、丁基加保扶	用于防治棉蚜、红蜘蛛、蓟马
	吡虫啉	蚜虱净、一遍净、大功臣、咪蚜胺、艾美乐、一扫净、灭虫净、扑虱蚜、灭虫精、比丹、高巧、盖达胺、康福多	主要用于防治刺吸式口器害虫，如蚜虫、飞虱、粉虱、叶蝉、蓟马

（续）

通用名		商品名	用途
杀虫剂类	噻螨酮	尼索朗、除螨威、合赛多、已噻唑	对同翅目的飞虱、叶蝉、粉虱及介壳虫等害虫有良好的防治效果，对某些鞘翅目害虫和害螨也具有持久的杀幼虫活性
	噻嗪酮	扑虱灵、优乐得、灭幼酮、亚乐得、布芬净、稻虱灵、稻虱净	为对鞘翅目、部分同翅目以及蜱螨目具有持效性杀幼虫活性的杀虫剂。可有效地防治马铃薯上的大叶蝉科害虫，蔬菜上的粉虱科害虫
	哒螨灵	哒螨酮、扫螨净、速螨酮、哒螨净、螨必死、螨净、灭螨灵	可用于防治多种食植物性害螨。对螨的整个生长期即卵、幼螨、若螨和成螨都有很好的防治效果
	双甲脒	螨克、果螨杀、杀伐螨、三亚螨、胺三氮螨、双虫脒、双二甲脒	适用于各类作物的害螨。对同翅目害虫也有较好的防效
	倍硫磷	芬杀松、番硫磷、百治屠、拜太斯、倍太克斯	防治菜青虫、菜蚜
	稻丰散	爱乐散、益尔散等	防治蚜虫、菜青虫、蓟马、小菜蛾、斜纹夜蛾、叶蝉
	二嗪磷	二蓁农、地亚农、大利松、大亚仙农等	用于控制大范围作物上的刺吸式口器害虫和食叶害虫
	乙酰甲胺磷	杀虫磷、杀虫灵、益土磷、高灭磷、酰胺磷、欧杀松	适用于蔬菜、茶叶、烟草、果树、棉花、水稻、小麦、油菜等作物，防治多种咀嚼式、刺吸式口器害虫和害螨

（续）

	通用名	商品名	用途
杀虫剂类	杀螟硫磷	速灭虫、杀螟松、苏米松、扑灭松、速灭松、杀虫松、诺发松、苏米硫磷、杀螟磷、富拉硫磷、灭蛀磷等	广谱杀虫，对鳞翅目幼虫有特效，也可防治半翅目、鞘翅目等害虫
	虫螨腈	除尽、溴虫腈等	防治小菜蛾、菜青虫、甜菜夜蛾、斜纹夜蛾、菜螟、菜蚜、斑潜蝇、蓟马等多种蔬菜害虫
	苏云金杆菌	苏力菌、灭蛾灵、先得力、先得利、先力、杀虫菌1号、敌宝、力宝、康多惠、快来顺、包杀敌、菌杀敌、都来施、苏得利	可用于防治直翅目、鞘翅目、双翅目、膜翅目，特别是鳞翅目的多种害虫
	除虫脲	灭幼脲1号、伏虫脲、二福隆、斯代克、斯盖特、敌灭灵等	主要用于防治鳞翅目害虫，如菜青虫、小菜蛾、甜菜夜蛾、斜纹夜蛾、金纹细蛾、黏虫、茶尺蠖、棉铃虫、美国白蛾、松毛虫、卷叶蛾、卷叶螟等
	灭幼脲	苏脲1号、灭幼脲3号、一氯苯隆等	防治桃树潜叶蛾、茶黑毒蛾、茶尺蠖、菜青虫、甘蓝夜蛾、小麦黏虫、玉米螟及毒蛾类、夜蛾类等鳞翅目害虫
	氟啶脲	抑太保、定虫隆、定虫脲、克福隆、IKI7899等	防治十字花科蔬菜的小菜蛾、甜菜夜蛾、菜青虫、银纹夜蛾、斜纹夜蛾、烟青虫等，茄果类及瓜果类蔬菜的棉铃虫、甜菜夜蛾、烟青虫、斜纹夜蛾等，豆类蔬菜的豆荚螟、豆野螟

（续）

通用名		商品名	用途
杀虫剂类	抑食肼	虫死净	对鳞翅目、鞘翅目、双翅目等害虫，具有良好的防治效果
	多杀霉素	菜喜、催杀、多杀菌素、刺糖菌素	防治蔬菜小菜蛾、甜菜夜蛾、蓟马
	S-氰戊菊酯	来福灵、强福灵、强力农、双爱士、顺式氰戊菊酯、高效氰戊菊酯、高氰戊菊酯、霹杀高	防治菜青虫、小菜蛾，于幼虫3龄期前施药。豆野螟于豇豆、菜豆开花盛期、卵孵盛期施药
	氯氰菊酯	安绿宝、赛灭灵、赛灭丁、桑米灵、博杀特、绿氰全、灭百可、兴棉宝、阿锐可、韩乐宝、克虫威等	防治菜蚜、蓟马、棉铃虫、菜青虫
	顺式氯氰菊酯	高效灭百可、高效安绿宝、高效氯氰菊酯、甲体氯氰菊酯、百事达、快杀敌等	防治菜蚜、菜青虫、小菜蛾幼虫、豆卷叶螟幼虫
	氟氯氰菊酯	百树得、百树菊酯、百治菊酯、氟氯氰醚酯、杀飞克	防治棉铃虫、烟芽夜蛾、苜蓿叶象甲、菜粉蝶、尺蠖、苹果蠹蛾、菜青虫、美洲黏虫、马铃薯甲虫、蚜虫、玉米螟、地老虎等害虫
	氯菊酯	二氯苯醚菊酯、苄氯菊酯、除虫精、克死命、百灭宁、百灭灵等	可用于蔬菜、果树等作物防治菜青虫、蚜虫、棉铃虫、棉红铃虫、棉蚜、绿盲蝽、黄条跳甲、桃小食心虫、柑橘潜叶蛾、二十八星瓢虫、茶尺蠖、茶毛虫、茶细蛾等多种害虫

（续）

通用名		商品名	用途
杀虫剂类	溴氰菊酯	敌杀死、凯素灵、凯安保、第灭宁、敌卞菊酯、氰苯菊酯、克敌	防治各种蚜虫、棉铃虫、棉红铃虫、菜青虫、小菜蛾、斜纹夜蛾、甜菜夜蛾、黄守瓜、黄条跳甲
	戊菊酯	多虫畏、杀虫菊酯、中西除虫菊酯、中西菊酯、戊酸醚酯、戊醚菊酯、S-5439	防治蔬菜害螨、线虫
	敌百虫	三氯松、毒霸、必歼、虫决杀	可诱杀蝼蛄、地老虎幼虫、尺蠖、天蛾、卷叶蛾、粉虱、叶蜂、草地螟、潜叶蝇、毒蛾、刺蛾、灯蛾、黏虫、桑毛虫、凤蝶、天牛、蛴螬、夜蛾、白囊袋蛾
	抗蚜威	辟蚜雾、灭定威、比加普、麦丰得、蚜宁、望俘蚜	适用于防治蔬菜、烟草、粮食作物上的蚜虫
	灭多威	万灵、快灵、灭虫快、灭多虫、乙肟威、纳乃得	防治蚜虫、蛾、地老虎等害虫
	啶虫脒	吡虫清、乙虫脒、莫比朗、鼎克、NI-25、毕达、乐百农、绿园	防治棉蚜、菜蚜、桃小食心虫等
	异丙威	灭必虱、灭扑威、异灭威、速灭威、灭扑散、叶蝉散、MIPC	对稻飞虱、叶蝉科害虫具有特效，可兼治蓟马和蚂蟥
	丙溴磷	菜乐康、布飞松、多虫磷、溴氯磷、克捕灵、克捕赛、库龙、速灭抗	防治蔬菜、果树等作物上的害虫，对棉铃虫、苹果黄蚜等害虫均有很高的防治效果
	哒嗪硫磷	杀虫净、必芬松、哒净松、打杀磷、苯哒磷、哒净硫磷、苯哒嗪硫磷	可防治螟虫、纵卷叶螟、稻苞虫、飞虱、叶蝉、蓟马、稻瘿蚊等，对棉叶螨有特效

（续）

通用名		商品名	用途
杀虫剂类	毒死蜱	乐斯本、杀死虫、泰乐凯、陶斯松、蓝珠、氯蜱硫磷、氯吡硫磷、氯吡磷	适用果树、蔬菜、茶树上多种咀嚼式和刺吸式口器害虫
	硫丹	硕丹、赛丹、韩丹、安杀丹、安杀番、安都杀芬	广谱杀虫杀螨，对果树（除苹果外）、蔬菜、棉花、大豆、花生等多种作物害虫害螨有良好防效
杀菌剂类	百菌清	达科宁、打克尼太、大克灵、四氯异苯腈、克劳优、霉必清、桑瓦特、顺天星1号	防治果树、蔬菜上锈病、炭疽病、白粉病、霜霉病等
	多菌灵	苯并咪唑44号、棉萎灵、贝芬替、枯萎立克、菌立安	防治十字花科蔬菜菌核病、十字花科蔬菜白斑病，还有大白菜炭疽病、萝卜炭疽病，白菜类灰霉病、青花菜叶霉病、油菜褐腐病、白菜类霜霉病、芥菜类霜霉病、萝卜霜霉病、甘蓝类霜霉病等
	代森锰锌	新万生、大生、大生富、喷克、大丰、山德生、速克净、百乐、锌锰乃浦	防治蔬菜霜霉病、炭疽病、褐斑病、西红柿早疫病和马铃薯晚疫病
	霜脲·锰锌	克露、克抗灵、锌锰克绝	防治霜霉病、疫病，番茄晚疫病，绵疫病，茄子绵疫病，十字花科白锈病，可兼治蔬菜炭疽病、早疫病、斑枯病、黑斑病、番茄叶霉病等
	噁霜·锰锌	杀毒矾、噁霜锰锌	防治蔬菜上的炭疽病、早疫病等多种病害；对黄瓜、葡萄、白菜等作物的霜霉病有特效

（续）

通用名		商品名	用途
杀菌剂类	甲霜灵	甲霜安、瑞毒霉、瑞毒霜、灭达乐、阿普隆、雷多米尔	用于防治蔬菜作物的霜霉病，瓜果蔬菜类的疫霉病
	霜霉威盐酸盐	普力克、霜霉威、丙酰胺	防治青花菜花球黑心病、白菜类霜霉病、甘蓝类霜霉病、芥菜类霜霉病、萝卜霜霉病、青花菜霜霉病、紫甘蓝霜霉病、青花菜霜霉病
	三乙膦酸铝	乙膦铝、疫霉灵、疫霜灵、霜疫灵、霜霉灵、克霜灵、霉菌灵、霜疫净、膦酸乙酯铝、藻菌磷、三乙基膦酸铝、霜霉净、疫霉净、克菌灵	防治蔬菜作物霜霉病、疫病、菠萝心腐病、柑橘根腐病、茎溃病、草莓茎腐病、红髓病
	琥·乙膦铝	百菌通、琥乙膦铝、羧酸磷铜、DTM、DTNZ	防治甘蓝黑腐病、甘蓝细菌性黑斑病、大白菜软腐病，白菜类霜霉病、（萝卜链格孢）黑斑病、假黑斑病
	三唑酮	粉锈宁、百理通、百菌酮、百里通	对锈病、白粉病和黑穗病有特效
	腐霉利	速克灵、扑灭宁、二甲菌核利、杀霉利	适用于果树、蔬菜、花卉等的菌核病、灰霉病、黑星病、褐腐病、大斑病的防治
	异菌脲	扑海因、桑迪恩、依普同、异菌咪	防治多种果树、蔬菜、瓜果类等作物早期落叶病、灰霉病、早疫病等病害
	乙烯菌核利	农利灵、烯菌酮、免克宁	对果树、蔬菜上的灰霉病、褐斑病、菌核病有良好防效

（续）

通用名		商品名	用途
杀菌剂类	氢氧化铜	丰护安、根灵、可杀得、克杀得、冠菌铜	防治蔬菜作物的细菌性条斑病、黑斑病、霜霉病、白粉病、黑腐病，早疫病、晚疫病、叶斑病、褐斑病，菜豆细菌性疫病，葱类紫斑病，辣椒细菌性斑点病等
	丁戊已二元酸铜	琥珀肥酸铜、琥胶肥酸铜、琥珀酸铜、二元酸铜、角斑灵、滴涕、DT、DT杀菌剂	防治蔬菜作物软腐病
	络氨铜	硫酸甲氨络合铜、胶氨铜、消病灵、瑞枯霉、增效抗枯霉	防治茄子、甜（辣）椒炭疽病，立枯病，西瓜、黄瓜、菜豆枯萎病，黄瓜霜霉病，西红柿早疫病、晚疫病，茄子黄叶病
	络氨铜·锌	抗枯宁、抗枯灵	用于防治蔬菜作物枯萎病
	抗霉菌素120	抗霉菌素、TF-120、农抗120	大白菜黑斑病、萝卜炭疽病、白菜白粉病
	多抗霉素	多氧霉素、多效霉素、保利霉素、科生霉素、宝丽安、兴农606、灭腐灵、多克菌	防治黄瓜霜霉病、白粉病，人参黑斑病，苹果梨灰斑病及水稻纹枯病等
	春雷霉素	加收米、春日霉素、嘉赐霉素	防治黄瓜炭疽病、细菌性角斑病，西红柿叶霉病、灰霉病，甘蓝黑腐病，黄瓜枯萎病
	盐酸吗啉胍·铜	病毒A、病毒净、毒克星、毒克清	对蔬菜（番茄、青椒、黄瓜、甘蓝、大白菜等）的病毒病具有良好预防和治疗作用

（续）

	通用名	商品名	用途
杀菌剂类	菌毒清	菌必清、菌必净、灭净灵、环中菌毒清	防治番茄、辣椒病毒病，西瓜枯萎病
	代森胺	阿巴姆、铵乃浦	防治白菜白粉病、白斑病、黑斑病、软腐病，甘蓝黑腐病，白菜类黑腐病，白菜类根肿病，青花菜黑腐病，紫甘蓝黑腐病
	敌磺钠	敌克松、地可松、地爽	防治蔬菜苗期立枯病，猝倒病，白菜、黄瓜霜霉病，西红柿、茄子炭疽病
	甲基立枯磷	利克菌、立枯磷	用于防治蔬菜立枯病、枯萎病、菌核病、根腐病，十字花科黑根病、褐腐病
	乙霉威	万霉灵、抑菌灵、保灭灵、抑菌威	防治黄瓜、番茄灰霉病，甜菜褐斑病
	硫菌·霉威	抗霉威、甲霉灵、抗霉灵	防治蔬菜作物霜霉病、猝倒病、疫病、晚疫病、黑胫病等病害
	多·霉威	多霉灵、多霜清、多霉威	防治番茄早疫病和菌核病、黄瓜菌核病、豇豆菌核病、苦瓜灰斑病、菠菜叶斑病、蔬菜作物灰霉病等
	噁醚唑	世高、敌萎丹	防治蔬菜作物黑星病、白粉病、叶斑病、锈病、炭疽病等
	溴菌腈	休菌清、炭特灵、细菌必克	防治炭疽病、黑星病、疮痂病、白粉病、锈病、立枯病、猝倒病、根茎腐病、溃疡病、青枯病、角斑病等

（续）

通用名		商品名	用途
杀菌剂类	氟哇唑	福星、农星、杜邦新星、克菌星	防治苹果黑星病、白粉病，谷类眼点病，小麦叶锈病和条锈病
除草剂类	甲草胺	灭草胺、拉索、拉草、杂草锁、草不绿、澳特拉索	芽前除草剂，主要杀死出苗前土壤中萌发的杂草，对已出土杂草无效
	乙草胺	禾耐斯、消草胺、刈草安、乙基乙草安	芽前除草剂，防治一年生禾本科杂草和部分小粒种子的阔叶杂草
	仲丁灵	双丁乐灵、地乐胺、丁乐灵、止芽素、比达宁、硝基苯胺灵	防除稗草、牛筋草、马唐、狗尾草等一年生单子叶杂草及部分双子叶杂草
	氟乐灵	茄科灵、特氟力、氟利克、特福力、氟特力	属芽前除草剂，用于防除一年生禾本科杂草及部分双子叶杂草
	二甲戊灵	施田补、除草通、杀草通、除芽通、胺硝草、硝苯胺灵、二甲戊乐灵	防除一年生禾本科杂草、部分阔叶杂草和莎草
	扑草净	扑灭通、扑蔓尽、割草佳	防除一年生禾本科杂草及阔叶草
	嗪草酮	赛克、立克除、赛克津、赛克嗪、特丁嗪、甲草嗪、草除净、灭必净	对一年生阔叶杂草和部分禾本科杂草有良好防除效果，对多年生杂草无效
	草甘膦	农达、镇草宁、草克灵、奔达、春多多、甘氨磷、嘉磷塞、可灵达、农民乐、时拨克	无残留灭生性除草剂，对一年生及多年生杂草都有效

（续）

通用名		商品名	用途
除草剂类	禾草丹	杀草丹、灭草丹、草达灭、除草莠、杀丹、稻草完	适用于水稻、麦类、大豆、花生、玉米、蔬菜田及果园等防除稗草、牛毛草、异型莎草、千金子、马唐、蟋蟀草、狗尾草、碎米莎草、马齿草、看麦娘等
	喹禾灵	禾草克、盖草灵、快伏草	防除看麦娘、野燕麦、雀麦、狗牙根、野茅、马唐、稗草、蟋蟀草、匍匐冰草、早熟禾、法氏狗尾草、金狗尾草等多种一年生及多年生禾本科杂草，对阔叶草无效
	稀禾定	拿捕净、乙草丁、硫乙草灭	防除双子叶作物田中稗草、野燕麦、狗尾草、马唐、牛筋草、看麦娘、白茅、狗芽根、早熟禾等单子叶杂草
植物生长调节剂类	萘乙酸	A-萘乙酸、NAA	促进生根，防止落花落果
	2，4-滴	2，4-D、2，4-二氯苯氧乙酸	防止落花落果
	赤霉素	赤霉酸、奇宝、九二〇、GA_3	提高无籽葡萄产量，打破马铃薯休眠，促进作物生长、发芽、开花结果；能刺激果实生长，提高结实率
	乙烯利	乙烯灵、乙烯磷、一试灵、益收生长素、玉米健壮素、2-氯乙基膦酸、CEPA、艾斯勒尔	促进果实成熟、雌花发育
	丁酰肼	比久、调节剂九九五、二甲基琥珀酰肼、B9、B-995	抑制新枝徒长，缩短节间，增加叶片厚度及叶绿素含量，防止落花，促进坐果，诱导不定根形成，刺激根系生长，提高抗寒力

（续）

通用名		商品名	用途
植物生长调节剂类	矮壮素	三西、西西西、CCC、稻麦立、氯化氯代胆碱	促使植株变矮，杆茎变粗，叶色变绿，可使作物耐旱耐涝，防止作物徒长倒伏，抗盐碱，又能防止棉花落铃，可使马铃薯块茎增大
	甲哌鎓	缩节胺、甲呱啶、助壮素、调节啶、健壮素、缩节灵、壮棉素、棉壮素	对蔬菜等作物具有抑制徒长、促叶片增厚、增强抗逆性、提高坐果率等作用
	多效唑	氯丁唑	抑制秧苗顶端生长优势，促进侧芽（分蘖）滋生。秧苗外观表现为矮壮多蘖，根系发达
杀线虫剂类	溴甲烷	溴代甲烷、一溴甲烷、甲基烷、溴灭泰	用于植物保护，作为杀虫剂、杀菌剂、土壤熏蒸剂和谷物熏蒸剂，但在黄瓜上禁用
	棉隆	迈隆、必速灭、二甲噻嗪、二甲硫嗪	土壤消毒剂，能有效地杀灭土壤中各种线虫、病原菌、地下害虫及萌发的杂草种子
杀软体动物剂类	四聚乙醛	密达、蜗牛散、蜗牛敌、多聚乙醛	防治福寿螺、蜗牛、蛞蝓等软体动物
	杀螺胺	百螺杀、贝螺杀、氯螺消	防治琥珀螺、椭圆萝卜螺、蛞蝓
	甲硫威	灭旱螺、灭梭威、灭虫威、灭赐克	防治软体动物

附录 B　常见计量单位名称与符号对照表

量的名称	单位名称	单位符号
长度	千米	km
	米	m
	厘米	cm
	毫米	mm
面积	公顷	ha
	平方千米（平方公里）	km^2
	平方米	m^2
体积	立方米	m^3
	升	L
	毫升	mL
质量	吨	t
	千克（公斤）	kg
	克	g
	毫克	mg
物质的量	摩尔	mol
时间	小时	h
	分	min
	秒	s
温度	摄氏度	℃
平面角	度	(°)
能量，热量	兆焦	MJ
	千焦	kJ
	焦［耳］	J
功率	瓦［特］	W
	千瓦［特］	kW
电压	伏［特］	V
压力，压强	帕［斯卡］	Pa
电流	安［培］	A

参 考 文 献

[1] 山东农业大学. 蔬菜栽培学总论 [M]. 北京：中国农业出版社，1999.

[2] 王小佳. 蔬菜育种学（各论）[M]. 北京：中国农业出版社，2005.

[3] 张福墁. 设施园艺学 [M]. 北京：中国农业大学出版社，2001.

[4] 崔连伟. 大葱无公害标准化栽培技术 [M]. 北京：化学工业出版社，2009.

[5] 张玉聚，李洪连，张振臣. 中国蔬菜病虫害原色图解 [M]. 北京：中国农业出版社，2010.

[6] 武杰编. 葱姜蒜制品加工工艺与配方 [M]. 北京：科学技术文献出版社，2004.

[7] 郑建秋. 现代蔬菜病虫鉴别与防治手册 [M]. 北京：中国农业出版社，2003.

[8] 张启沛，魏佑营，栾兆水. 大葱育种 [M]. 北京：中国农业科学技术出版社，2008.

[9] 姜斌，王新东，唐露苗. 章丘大葱生态栽培管理 [J]. 特种经济动植物，2012（2）：39-41.

[10] 朱江. 大葱栽培技术与病虫害防治 [J]. 农业技术与装备，2012（07B）：37-38.

[11] 马君岭，白相林，王立第. 采取多种措施防治大葱重茬病害 [J]. 科学种养，2009（12）：27.

[12] 郝春燕. 出口日本大葱优质高效栽培技术 [D]. 南京：南京农业大学，2004.

[13] 朱莺. 出口大葱农药使用风险分析及安全生产技术关键点研究 [J]. 河南农业科学，2012，41（1）：95-99.

[14] 王广印. 大葱半成株采种高产栽培技术 [J]. 种子科技，2001（1）：43-44.

[15] 刘芳，金刚. 大葱常规种子繁制技术 [J]. 吉林蔬菜，2012（4）：2-3.

[16] 佟成富，唐成英，崔连伟，等. 大葱杂交种 F1 的制种技术 [J]. 蔬菜，2002（10）：18-19.

[17] 王雅，刘亚琴. 地膜马铃薯-大葱高效轮作栽培技术 [J]. 陕西农业科

学，2011（4）：272-278.

[18] 朱振华. 马铃薯大葱复种高效栽培模式［J］. 山东蔬菜，2007（4）：36-37.

[19] 徐东旭，阮书江，江镜华，等. 兴化分葱高产栽培技术［J］. 农业科技通讯，2001（3）：18.

[20] 余德明，董恩省，李锦康，等. 威宁分葱高产栽培技术［J］. 农技服务，2009，26（4）：21，76.

[21] 刘玉春，邓正春，吴平安，等. 分葱富硒生产关键技术［J］. 作物研究，2013，27（5）：481-482.

[22] 刘浩，王金涛，杨学龙. 大棚分葱高产栽培技术［J］. 安徽农学通报，2013，19（14）：69-70.

ISBN：978-7-111-47685-6

定价：25.00 元

ISBN：978-7-111-49513-0

定价：25.00 元

ISBN：978-7-111-47947-5

定价：29.80 元

ISBN：978-7-111-49603-8

定价：29.80 元

ISBN：978-7-111-49441-6

定价：25.00 元

ISBN：978-7-111-48498-1

定价：29.80 元

ISBN：978-7-111-46898-1

定价：25.00 元

ISBN：978-7-111-54231-5

定价：29.80 元

ISBN：978-7-111-50503-7

定价：25.00 元

ISBN：978-7-111-52723-7

定价：39.80 元

ISBN：978-7-111-56696-0
定价：35.00 元

ISBN：978-7-111-47467-8
定价：25.00 元

ISBN：978-7-111-52313-0
定价：25.00 元

ISBN：978-7-111-56074-6
定价：29.80 元

ISBN：978-7-111-56065-4
定价：25.00 元

ISBN：978-7-111-46164-7
定价：25.00 元

ISBN：978-7-111-46165-4
定价：25.00 元

ISBN：978-7-111-48286-4
定价：19.80 元

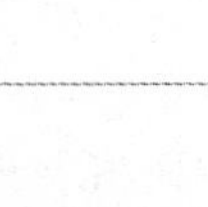

ISBN：978-7-111-49264-1
定价：35.00 元

ISBN：978-7-111-46913-1
定价：29.80 元